JUBILACIÓN
SIGLO XXI

JUBILACIÓN SIGLO XXI

SALUD, DINERO Y AMOR

RICARDO MORAGAS MORAGAS

Copyright © 2012 por Ricardo Moragas Moragas.

Ilustraciones interiores y de portada de José M. Campo de Huesca
Algunas ilustraciones con permiso de "El Pirineo Aragonés" de Jaca, Huesca.

Número de Control de la Biblioteca del Congreso de EE. UU.:   2012917841
ISBN:
Tapa Dura	978-1-4633-2537-4
Tapa Blanda	978-1-4633-2536-7
Libro Electrónico	978-1-4633-2538-1

Todos los derechos reservados. Ninguna parte de este libro puede ser reproducida o transmitida de cualquier forma o por cualquier medio, electrónico o mecánico, incluyendo fotocopia, grabación, o por cualquier sistema de almacenamiento y recuperación, sin permiso escrito del propietario del copyright.

Las opiniones expresadas en este trabajo son exclusivas del autor y no reflejan necesariamente las opiniones del editor. La editorial se exime de cualquier responsabilidad derivada de las mismas.

Este libro fue impreso en España.

Para pedidos de copias adicionales de este libro, por favor contáctenos en:
Palibrio
1663 Liberty Drive
Suite 200
Bloomington, IN 47403
Gratis desde España al 900.866.949
Gratis desde EE.UU. al 877.407.5847
Gratis desde México al 01.800.288.2243
Desde otro país al +1.812.671.9757
Fax: 01.812.355.1576
ventas@palibrio.com

ÍNDICE

AGRADECIMIENTOS 11

PRESENTACIÓN 13

I   CAMBIOS EN EL TRABAJO Y EN LA JUBILACIÓN
EN EL SIGLO XXI 15

    1. TRABAJO 16
        a. Contenido...16
        b. Duración..17
        c. El síndrome de jubilación 19
        d. Diversidad de trabajos y jubilaciones....................21
    2. ETAPAS VITALES EN EL SIGLO XXI 22
    3. GENERACIONES...22
        a. Generación cronológica o demográfica 23
        b. Generaciones familiares 23
        c. Generaciones literarias, artísticas, políticas............24
    4. ETAPAS VITALES...25
        a. Preparación para el trabajo o educación 25
        b. Etapa laboral 27
        c. Etapa de jubilación o de abandono del trabajo 28
    5. ENVEJECIMIENTO Y JUBILACIÓN................................30
        a. Cantidad...30
        b. Calidad 33

II   ESCENARIOS EN LA TRANSICIÓN
TRABAJO-JUBILACIÓN.. 34

    1. REACCIÓN DEL AVESTRUZ: IGNORA LA JUBILACIÓN.............35
    2. LA GUILLOTINA O JUBILACIÓN POR EDAD LEGAL 39
    3. JUBILACIÓN ANTICIPADA: PREJUBILACIÓN POR EMPRESA.....41
    4. JUBILACIÓN PROGRESIVA Y FLEXIBLE 43

	5. JUBILACIÓN INSTANTÁNEA POR TIC (TÉCNICAS, INFORMACIÓN Y COMUNICACIÓN)..45	
III	EL CUERPO Y LA SALUD FÍSICA................................ 47	
	1. ESTRUCTURA Y FUNCIÓN. EL ESQUELETO Y LOS MÚSCULOS 48	
	2. LA BOMBA IMPULSORA Y SU FONTANERÍA: CORAZÓN, ARTERIAS Y VENAS 50	
	3. EL AIRE VITAL. OXÍGENO Y SUS PROPULSORES, LOS PULMONES 52	
	4. FABRICACIÓN Y CONSUMO SALUDABLE. DIGESTIÓN Y NUTRICIÓN 55	
	5. CEREBRO Y SISTEMA NERVIOSO: LAS TIC DEL CUERPO 59	
	6. LOS SENTIDOS: LAS ANTENAS DEL ENTORNO......................61	
IV	SALUD MENTAL 71	
	1. INTELIGENCIA..71	
	2. JUBILACIÓN E INTELIGENCIA 72	
	4. JUBILACIÓN Y SABIDURÍA 76	
	5. MEMORIA..77	
	6. JUBILACIÓN Y MEMORIA 78	
	7. HISTORIA DE VIDA..79	
	8. APRENDIZAJE Y EDUCACIÓN 81	
	9. JUBILACIÓN Y EDUCACIÓN...81	
	10. CREATIVIDAD...82	
	11. JUBILACIÓN Y CREATIVIDAD 84	
	12. PERSONALIDAD...85	
	13. JUBILACIÓN Y PERSONALIDAD 87	
	14. BELLEZA Y ENVEJECIMIENTO 87	
	15. JUBILACIÓN Y SEXUALIDAD 89	
	16. HOMOSEXUALIDAD Y VEJEZ 91	
	17. JUBILACIÓN Y PAREJA..92	
V	SALUD SOCIAL AMOR... 94	
	1. FAMILIA..94	
	2. INTEGRACIÓN..99	
	3. HECHOS CLAVE...105	

	4. JUBILACIÓN	107
	5. DEPENDENCIA	109
VI	**DINERO. ECONOMÍA**	**113**
	1. DESARROLLO DE LAS PENSIONES EN ESPAÑA	115
	2. PREVISIÓN PÚBLICA. SEGURIDAD SOCIAL Y POLÍTICA GERONTOLÓGICA	116
	3. PENSIONES Y JUBILACIÓN	119
	4. JUBILACIÓN ANTICIPADA Y RETRASADA	121
	5. PREVISIÓN PRIVADA	123
	6. PRESUPUESTO EN LA JUBILACIÓN	127
VII	**ECOLOGÍA. MEDIO AMBIENTE. HOGAR**	**129**
	1. MEDIO AMBIENTE Y SUS NIVELES	129
	2. ACCESIBILIDAD, DISEÑO UNIVERSAL Y NO DISCRIMINACIÓN	132
	3. HOGAR Y JUBILACIÓN: ESTABILIDAD O CAMBIO	134
	4. MIGRACIONES DE JUBILADOS	136
	5. VARÓN Y MUJER JUBILADOS EN EL HOGAR	138
	6. ADAPTACIÓN Y REFORMA DEL HOGAR	140
	7. LEY DE LA DEPENDENCIA: CATÁLOGO DE SERVICIOS	141
	8. ALTERNATIVAS AL HOGAR UNIPERSONAL	144
VIII	**SALUD, ENFERMEDAD Y JUBILACIÓN**	**147**
	1. TRABAJO Y SALUD	147
	2. JUBILACIÓN, SALUD Y ENFERMEDAD	149
	3. LA JUBILACIÓN COMO OPORTUNIDAD	154
	4. SALUD, DINERO Y AMOR	155
	5. PREVENCIÓN Y REHABILITACIÓN	158
	6. POLÍTICA GERONTOLÓGICA	160
BIBLIOGRAFÍA		**165**

A Maite, mi mujer.

AGRADECIMIENTOS

Resulta imposible identificar a todas las personas propiciando ideas que los autores plasmamos en textos. Las Ciencias sociales son fruto de intercambios sociales y es de bien nacido ser agradecido pero no puedo señalar a todas las personas de cuyas observaciones existen elementos en "Jubilación Siglo XXI". No no obstante, existe un orden.

En primer lugar gracias a los asistentes a las sesiones de Preparación para la Jubilación-PPJ; en especial, aquellos quienes, después de varios años, me paran en cualquier ciudad para recordarme lo beneficiosa que fue tal o cual sesión para la salud de la pareja. La mejor recompensa de cualquier docente es comprobar la utilidad de su discurso y los asistentes a la PPJ comprueban, incluso durante las sesiones, la mejora de su calidad de vida.

La PPJ se basa en la transmisión de conocimientos por didáctica moderna a través de un equipo de competentes y motivantes instructores que presentan, discuten, trabajan individualmente y en grupo, redactan, comen, bailan y reflexionan para conseguir la máxima calidad en la vida restante. El equipo de instructores integrado, motivado y bien coordinado es la base del éxito y se expone a experiencias muy intensas: llanto por compañeros fallecidos, conflictos matrimoniales presentados luego de décadas de encubrimiento, crisis de fe, etc. A los instructores compañeros de sesiones, gracias.

Al Dr. Jiménez Herrero difusor y maestro de la PPJ gracias por habérmela descubierto y pasado su testigo.

En último lugar existen personas innovadoras para responder a los retos del envejecimiento en el siglo XXI, creadoras de instituciones para nuevas soluciones. He tenido la fortuna de conocer a dichas personas y menciono algunas.

El presentador del libro Dr. Sánchez-Ostiz y su equipo de Idea que derrochan iniciativa para aplicar soluciones creativas y eficientes en gestión y desarrollo gerontológico.

Josep de Martí creador de Inforesidencias, portal pionero en información gerontológica extendido desde España a Iberoamérica.

Viçens Olivé presidente de GAEM-Grupo de Afectados por Esclerosis Múltiple motor imparable en busca de soluciones a la enfermedad.

Jorge Plá psiquiatra en la U Navarra, presidente y fundador de QPEA calidad de vida para la edad Avanzada con publicaciones pioneras y acciones solidarias en América y Caribe.

El artista José M. Campo de Huesca supo desde el primer momento captar con humor retazos irónicos de la jubilación, así como la portada por lo que le cumplimento y espero mantener la colaboración en el futuro. Asimismo agradezco al diario "El Pirineo Aragonés" de Jaca el permiso para publicar alguna ilustración que apareció en dicho medio.

Ellos son inspiración para mí, les agradezco su ejemplo y deseo sigan motivándome toda mi vida.

PRESENTACIÓN

El tránsito del trabajo a la jubilación constituye un período importante para conseguir la máxima calidad de vida en esta nueva etapa. Sin embargo, no se prepara debidamente, aunque todos los profesionales de las ciencias naturales y sociales confirman la conveniencia de hacerlo. «Prevenir antes que curar» es un conocido refrán no practicado, y los resultados se manifiestan en jubilaciones carentes de júbilo. Compañeros de trabajo, familiares, amigos muestran que la jubilación puede ser conflictiva por multitud de razones: falta de salud, aparición de enfermedades silentes que no se manifestaban en el trabajo, conflictos familiares por carencia de un rol social que compense la pérdida del trabajo, aparición de tiempo libre sin contenido relevante.

En la desarrollada sociedad del siglo XXI, aparecen, en torno a la jubilación, patologías físicas, psíquicas, sociales y económicas debido a la falta de preparación. Los afectados, cuando son activos, olvidan que toda actividad productiva tiene un final individual que cada trabajador debe preparar. Personas de la mayor calificación intelectual renuncian a plantearse su paso a la jubilación debido a la pérdida de protagonismo en la productiva sociedad contemporánea, en la que predomina la exaltación del trabajo y el olvido de que todo ser humano puede manifestar su valor en áreas inexploradas durante su vida laboral.

La situación actual es paradójica. Hace treinta años en España existieron excelentes Programas de Preparación para la Jubilación (PPJ) pactados con los sindicatos con motivo de la reestructuración industrial del hierro, del acero y de las empresas con exceso de mano de obra. En Occidente siguen existiendo programas de preparación en grandes empresas, pero en España han desaparecido, salvo en pocas administraciones públicas.

El libro que presentamos es un catálogo básico de los retos a los que nos enfrentaremos los que nos jubilemos en el siglo XXI con todas las oportunidades y limitaciones que el sistema productivo ofrece, replanteando las tradicionales etapas desde la escuela hasta el trabajo y su cese. El trabajo ha variado en sus dimensiones básicas de estabilidad y garantía de ingresos para una vida y se ha instalado la dinámica del cambio económico y social sin conocer las consecuencias sobre la sociedad y los ciudadanos.

Jubilación Siglo XXI establece una hoja de ruta que cualquiera debería conocer y que espero que las administraciones públicas distribuyan entre sus trabajadores haciendo realidad que «la prevención es mejor que la cura».

El profesor Moragas ha calculado en varios estudios con médicos de asistencia primaria de toda España que el ahorro anual en gastos sanitarios, a través de información sobre prevención de la enfermedad, supone un ahorro de más de cien euros por paciente y por año. Dado el aumento de la esperanza de vida de los jubilados, los ahorros pueden suponer miles de millones y, sobre todo, la mejora de vivir los últimos años con mayor calidad de vida.

Jubilación Siglo XXI mejorará nuestra calidad de vida, si seguimos las orientaciones indicadas y diseñamos una etapa vital individualizada de acuerdo con nuestra experiencia y objetivos vitales.

Sugiero que las administraciones públicas, en la presente crisis, difundan el contenido del libro para conseguir, a través de la prevención, el ahorro sanitario necesario.

Dr. Rafael Sánchez-Ostiz Gutiérrez
Profesor de Geriatría de la Universidad de Navarra
Director de Idea S. L. Innovación y Desarrollos Asistenciales

I
CAMBIOS EN EL TRABAJO Y EN LA JUBILACIÓN EN EL SIGLO XXI

Las innovaciones tecnológicas en la información y en la comunicación han originado cambios radicales en la forma de vida contemporánea. La informática y la transmisión de información han modificado profundamente la educación y las relaciones sociales, y aparece una sociedad básicamente diferente a la del siglo XX. Las TICs (Tecnologías de la Información y Comunicación) afectan toda actividad individual y colectiva, el trabajo y la jubilación, y han cambiado la forma de vivir estas etapas vitales.

El trabajo ha sido siempre, en primer lugar, el instrumento para conseguir alimentos (comida) y protección frente a los elementos (vivienda) para sobrevivir. El *homo faber* es la manifestación de la afirmación humana en la Tierra: transformar el entorno para conseguir comida y refugio. Se trabaja para conseguir recursos que aseguren la vida y, satisfechas las necesidades primarias, los excedentes se pueden destinar al intercambio y satisfacción de otras necesidades.

A los primeros cazadores de la prehistoria, siguen durante miles de años los agricultores, hasta llegar a la sociedad industrial. En ella los alimentos parecían garantizados por su abundancia y por la reducida población para producirlos (menos de 5 por ciento en sociedades desarrolladas).

Paradójicamente, se plantea hoy la insuficiencia de la producción agrícola para satisfacer el hambre de los países en desarrollo, debido al aumento de precio de las materias primas alimentarias también dedicadas a producir biocombustibles. La dinámica social es cambiante, como lo son las conductas humanas, con nuevos interrogantes para los que no sirven las respuestas del pasado.

A continuación identificaremos algunos cambios recientes en el trabajo y en la jubilación cuyas consecuencias se extienden a toda la sociedad.

1. TRABAJO

a. Contenido

El trabajo se está deslocalizando y no requiere la presencia física de los trabajadores en el mismo lugar; se puede trabajar, además de en los espacios tradicionales —el campo, taller, la oficina—, en el hogar, en un hotel, en el tren y el avión, debido a la ubicuidad de los ordenadores personales. Esta realidad es una ventaja pero también una limitación que invade los espacios más íntimos: la pareja, la familia y el ocio, y solo voluntades firmes pueden limitar la entrada del trabajo y sus exigencias en la esfera privada.

El trabajo se realiza cada vez más en equipo, ya que en la sociedad globalizada somos interdependientes; necesitamos de la colaboración de otros para conseguir nuestros resultados.

A pesar de las nuevas tecnologías en el trabajo moderno, los directivos de cualquier organización reconocen que sus mayores problemas no se originan por cuestiones técnicas, sino por la gestión de los recursos humanos.

La dinámica tecnológica y social convierte en obsoletos los procedimientos; la innovación es consustancial al trabajo contemporáneo y obliga a una formación permanente en el puesto o fuera de él. Las propias organizaciones establecen centros de formación corporativos para conseguir conocimientos a la medida de sus necesidades.

El desarrollo económico ha motivado una dinámica de puestos de trabajo y de personal. Los trabajadores pueden escoger entre más puestos y su estabilidad en la organización es menor que en el pasado. Con frecuencia, razones ajenas al trabajo (familia, ambiente laboral, localización geográfica, clima) motivan el cambio de puesto del trabajador. En la era de la globalización y de ciclos económicos imprevisibles, las empresas no mantienen un compromiso permanente con el personal. Se ha roto la tradición de un «trabajo para toda la vida» en la que «buenas» empresas ofrecían a «buenos» trabajadores un puesto hasta la jubilación.

b. Duración

La duración del trabajo se ha flexibilizado y su inicio se ha retrasado con la pérdida del contrato de aprendizaje, que compatibiliza el trabajo con la educación y cuna de buenos trabajadores para toda la vida en la misma empresa. La edad legal es hoy dieciséis años. Se empieza a trabajar bastante más tarde debido a la prolongación de los estudios y a la aceptación de las familias que prescinden del sueldo del aprendiz.

La jubilación se adelanta con las prejubilaciones debido a reestructuraciones de las empresas y a la política de cambiar los contratos antiguos de veteranos, con pluses de antigüedad y otras prestaciones, por contratos de jóvenes sin antigüedad. En algunos casos, los jóvenes se contratan con salarios inferiores a trabajadores en el mismo puesto, lo que origina la «doble escala salarial» contra el principio de igual salario a igual puesto de trabajo.

Por otra parte, se plantea prolongar la edad de jubilación debido a la insuficiencia de recursos económicos para pagar las pensiones y al incremento de la esperanza de vida. Se estima que, en los trabajos por cuenta ajena, la jubilación promedio se efectúa hoy en España en torno a los sesenta y dos años, tres años antes de la jubilación legal a los sesenta y cinco años. En España la esperanza de vida es superior a los ochenta y dos años, por lo que la jubilación dura un promedio de veinte años. La edad de sesenta y cinco años fue fijada por el canciller Bismarck a finales del siglo XIX en Alemania, cuando la esperanza de vida era muy inferior a la actual. Se dice que el Canciller de Hierro lo aprobó pues todos sus posibles competidores tenían más de sesenta y cinco años y se libró así de ellos.

Superada la fase de exploración de los primeros trabajos, la estabilidad en el empleo es muy relativa en la sociedad contemporánea. En cualquier momento puede interrumpirse la relación laboral por la voluntad del empleador. Las adquisiciones, fusiones y reestructuraciones de empresas son frecuentes y motivan reducciones de plantilla a través de prejubilaciones. Se ha originado una cultura de prejubilación por parte de las empresas y de los trabajadores por razones económicas o personales y ello lleva a esperar o incluso a desear la jubilación anticipada.

Por otra parte, el trabajador joven activo deja el trabajo para explorar otros intereses; solicita excedencias por motivos personales, abandona la empresa para formarse y aparece una flexibilidad en la relación laboral muy diferente de la estabilidad de hace unas décadas. El trabajo se convierte, cada vez más, en un instrumento para alcanzar objetivos personales, económicos y profesionales que pueden obtenerse en una empresa, en la administración pública o en cualquier tipo de organización. Desaparece el objetivo vital de la carrera profesional en una misma organización durante toda una vida laboral.

También practican la jubilación anticipada las administraciones públicas que ofrecen el adelanto en la jubilación para rejuvenecer plantillas, reducir los costes de la antigüedad y ampliar la oferta de empleo público para los jóvenes.

El resultado de lo anterior es una reducción del número de años dedicados al trabajo así como del compromiso del trabajador con el empleador.

c. El síndrome de jubilación

En la última década ha surgido en la literatura científica de las ciencias de la salud, y también de las sociales, la expresión, «síndrome de jubilación» para identificar los fenómenos negativos que acontecen a muchas personas al dejar el trabajo y pasar a la jubilación.

El término «síndrome» procede de la medicina, que lo define como el conjunto de síntomas y signos de una enfermedad y que sirve para su diagnóstico. Diagnosticada la enfermedad, posee entidad nosológica, se puede clasificar, intervenir en sus factores y seleccionar el tratamiento efectivo.

Identificar el síndrome de jubilación supone reconocer que la ausencia de trabajo puede producir enfermedad y que el diagnóstico de sus causas ayudará al tratamiento y a la curación. Lo novedoso es la jubilación como causa de enfermedad o accidente pues se tiene la visión contraria. Se supone que no trabajar es mejor que hacerlo; desde la Biblia y su maldición para el hombre, se asocia trabajo con dificultad, con el sudor de la frente, con una carga. El que la falta de trabajo origine una enfermedad es una visión nueva.

A este respecto, se cita al magnate de la prensa económica, Forbes, fundador del semanario con su nombre, quien afirmaba: «la jubilación mata más que el trabajo». Su referencia es válida para aquellas profesiones en las que jubilarse supone perder una actividad placentera, poder, estatus e influencia social.

En las ciencias sociales, De Vries ha tratado el síndrome de jubilación en los directivos de empresa y la dificultad que tienen para abandonar sus funciones inherentes a la vida profesional y a la personal.

Robert Linton menciona otro significado del síndrome de jubilación, en relación con políticos o militares con gran poder, y se identifica con la tendencia a criticar decisiones presentes, contrarias a lo defendido cuando se ocupaba el puesto. Ofrece el ejemplo de Eisenhower, que criticó el complejo militar-industrial que él había contribuido a desarrollar. También el de Colin Powell, ministro de Defensa, que propuso la entrada en Bagdad en la Guerra del Golfo en 1991 para derrocar a Sadam y cuando se inició la invasión de Irak la criticó.

La jubilación constituye una definición legal del envejecimiento y, para evitar las manifestaciones del paso de los años, las personas recurren a los medios más pintorescos. Los varones aumentan su presencia en la cirugía estética para mantener un aspecto juvenil y aparecen conductas para evitar el envejecimiento que antes solo concernían a las mujeres, más preocupadas por su apariencia estética que los varones.

Giscard d'Estaing, expresidente de Francia, reconocía que no se miraba al espejo ya que le ofrecía el recordatorio de su envejecimiento. Los varones que valoran su potencia sexual con frecuencia la demuestran emparejándose con mujeres más jóvenes a las que esperan satisfacer plenamente. Henry Kissinger se refirió con frecuencia a la relación entre poder y atractivo sexual como un componente importante de los puestos en la política.

d. Diversidad de trabajos y jubilaciones

La jubilación supone un cambio de situación de una a otra etapa y esta nueva situación se halla condicionada por la naturaleza del trabajo. Existe una gran diferencia entre jubilarse de un trabajo con esfuerzo físico importante, para el que se pierde competencia y que origina cansancio, que jubilarse de un puesto con un contenido intelectual y de relación social, donde la competencia se mantiene e incluso aumenta con la edad. Mientras el peón de la construcción desea alcanzar el descanso, el directivo, el profesor o el trabajador intelectual lamenta dejar una actividad que le otorga poder, lo realiza como persona y lo mantiene como ciudadano importante en la comunidad.

Si la jubilación puede originar enfermedad, la salud pública debería estimar a cuántas personas afecta y valorar su importancia.

La situación es común a muchas condiciones actuales en las sociedades desarrolladas y que producen enfermedad o no, según se intervenga a tiempo en la prevención de los factores que las originan. Son situaciones vitales con factores complejos y que causan las llamadas enfermedades del desarrollo, como la drogadicción, la depresión, la marginalidad social, el alcoholismo y otras, con menor incidencia en sociedades poco desarrolladas.

2. ETAPAS VITALES EN EL SIGLO XXI

La vida humana o animal se desarrolla en el tiempo, variable única, igualitaria y universal para todos los fenómenos orgánicos. Nada hay más democrático que el transcurso del tiempo, esencialmente igual para todos. El reloj temporal corre con la misma velocidad, aunque la sensación del tiempo personal sea muy diversa. La experiencia subjetiva de una hora con la persona amada parece de unos minutos, mientras la espera de sesenta minutos para conocer el resultado de una prueba médica parece una eternidad.

El tiempo es una variable objetiva, se mide con el reloj, igual para todos, pero su percepción individual es muy diferente; los humanos tenemos una experiencia subjetiva de nuestra existencia, somos seres individuales diferenciados por nuestros sentimientos. Esta percepción variable de los hechos es esencial para la vida humana y se extiende a las diferentes etapas vitales, periodos establecidos socialmente que recorremos los humanos.

Las etapas vitales se definen en las sociedades modernas por su relación con el trabajo: primera preparación o educación, segunda etapa central, y de mayor duración, de desempeño del trabajo y tercera o salida de este, la jubilación.

El cese en el trabajo (jubilación) ha tenido históricamente poca importancia por su brevedad, los jubilados morían en el siglo XX a los tres o cinco años de jubilarse y eran una pequeña parte de la población.

3. GENERACIONES

Son grupos humanos que comparten alguna característica, edad, experiencia común o ideología que proporciona una referencia a su conducta social. En la sociedad, las diferencias y relaciones entre generaciones son fundamentales para comprender la estructura social. El término «generación» posee significados diversos, que describimos a continuación.

a. Generación cronológica o demográfica

Constituyen una cohorte demográfica los sujetos que comparten una edad semejante con diferencias no mayores de cinco a siete años. Las personas que comienzan una etapa tienen normalmente edades semejantes, la cohorte demográfica o de edad sirve para la identificación de generaciones.

Existen otros procesos sociales, experiencias comunes de convivencia a edades semejantes o diferentes que originan generaciones como la escolar, la laboral, la política, la religiosa, la organizativa. Las generaciones comparten actitudes semejantes, lo cual facilita su conocimiento.

El análisis de generaciones muestra las continuidades y diferencias de las personas que entran en cada etapa y la influencia que hechos comunes tienen sobre su experiencia al compartir y elaborar una posible conciencia subjetiva semejante (Manheim).

b. Generaciones familiares

La generación familiar se refiere a los diferentes grupos de edades variadas en la familia y con roles sociales bien establecidos: abuelos, padres, hijos, nietos. En la familia se da un conjunto de diferentes generaciones cronológicas unidas por un origen común. Cada generación tiene obligaciones sociales claras que sus miembros han de cumplir. Los padres deben proveer a las necesidades de sus hijos hasta su mayoría de edad y asimismo los hijos son responsables de sus padres si necesitan ayuda en cualquier momento, como reconoce el Código Civil.

La dinámica social actual ha transformado profundamente los roles familiares y hoy las obligaciones familiares respectivas están revisándose continuamente. El propio significado de la familia se ha transformado, aunque no desaparecido. Las rupturas y nuevas uniones, las familias monoparentales y homosexuales están configurando nuevas responsabilidades familiares, pero las obligaciones familiares entre generaciones permanecen ya que son inherentes a la sociabilidad humana. Los analistas sociales han señalado con frecuencia que, si la familia no existiera, con su compleja relación de derechos y obligaciones, habría que inventar una institución sustituta semejante que proporcionara las mismas funciones. La naturaleza humana no podría desarrollarse ni sobrevivir, si no existiera un marco de relaciones permanentes en el que enseñar y aprender a ser sociables, por el ejemplo y el estímulo desde el nacimiento hasta la muerte.

Cuando los niños carecen de familia, el Estado provee de familias sustitutas ya que se ha demostrado su ventaja sobre las instituciones en el aprendizaje de los hábitos sociales y en la formación de la personalidad. El síndrome de institucionalización en niños corresponde a un desarrollo escaso de la sociabilidad, falta de desarrollo fisiológico, aprendizaje lento, escaso interés por el entorno, atribuible todo ello a la falta de estímulos y aprendizajes que origina el vivir en familia aunque no sea la propia.

c. Generaciones literarias, artísticas, políticas

Otro significado del término es el de las generaciones literarias, artísticas, políticas. Se refiere a grupos líderes en las artes, en la ciencia o en la política caracterizados por un análisis, creación y crítica de la realidad: comparten elementos comunes, aportan nuevas ideas, propician innovaciones para la mejora de la sociedad y se enfrentan al *statu quo* de generaciones anteriores. Las propuestas para cambios sociales se enfrentan a las generaciones en el poder que se resisten al cambio. A veces esas propuestas son aceptadas con mayor o menor resistencia. Cuando los enfrentamientos son profundos y violentos, aparecen los movimientos revolucionarios que tratan de implantar sus valores por la fuerza ya que no lo consiguen por medios pacíficos.

Ejemplos de dichas generaciones son, en España, el regeneracionismo de Costa, las generaciones literarias del 98 y del 27, la Sociedad Fabiana en Gran Bretaña, el indigenismo en América, las generaciones republicanas de la Segunda República española y otras.

4. ETAPAS VITALES

La vida humana se clasifica en tres etapas.

a. Preparación para el trabajo o educación

A partir de la Revolución Francesa y del derecho universal a la educación, la escuela pública aparece como la institución más efectiva para conseguir el ideal de igualdad de todos los ciudadanos. Es la institución donde deben estar los jóvenes preparándose para la entrada en el mundo del trabajo. La lucha por la educación universal es un objetivo de todas las ideologías, aunque la forma de realización efectiva admite muchas variantes y siga sin conseguirse en muchas naciones en vías de desarrollo.

Nivel preescolar

Del nacimiento a la edad escolar obligatoria (normalmente seis años), existe una variedad de alternativas públicas y privadas para el cuidado de los niños según las características del sistema económico y social del país. En los países escandinavos del estado de bienestar en las que el Estado se responsabiliza de la educación, las plazas públicas son casi gratuitas para las familias desde el final del permiso de maternidad hasta la universidad.

La conveniencia de la etapa preescolar para la formación de la personalidad y futuro del niño no se ha examinado en relación con su bienestar y se ha partido de que es mejor para la sociedad y el sistema productivo procurar el trabajo de los padres. El cuidado llamado educación de los hijos ha cedido frente al trabajo de los padres y las ventajas económicas para el sistema productivo. Existen orientaciones diversas entre naciones: mientras en España se reclaman más plazas, en los países escandinavos quedan vacantes en preescolar ya que algunos padres renuncian al trabajo para poder estar con sus hijos hasta la etapa escolar obligatoria.

Diversos psicólogos indican que el período preescolar supone para el niño la pérdida de una relación intensa y duradera con la madre, única responsable de su evolución orgánica en el embarazo y que establece en estos primeros años un vínculo afectivo y sentimental que durará toda la vida. Los psicólogos afirman que dicho vínculo se establece con características únicas hasta los seis años, edad en la que comienza la educación obligatoria.

La etapa preescolar abarcaba antes a una pequeña parte de la población pues la mayoría de los niños eran cuidados por sus madres. Con la incorporación de la mujer en el trabajo, esta etapa ha ganado en importancia cuantitativa y duración. Hace pocas décadas, el preescolar comenzaba a los tres años; actualmente se pide que enlace con el permiso de maternidad y la familia cede tiempo y funciones educacionales.

Etapa escolar: educación obligatoria

Constituye la etapa de formación universal para todos los ciudadanos. Cada nación, según su ideología política y forma de gobierno, ofrece alternativas variadas, desde el cheque escolar para cualquier iniciativa privada que cumpla requisitos mínimos hasta la oferta exclusiva del sistema público. Abarca desde los seis a los dieciséis años, edad legal mínima de entrada al trabajo.

Esta etapa enfatiza la educación como asimilación de conocimientos manteniendo al joven alejado del contacto directo con el trabajo, que en el pasado podía tener a través del contrato de aprendizaje. Se adujo que era mejor la concentración en conocimientos académicos que los peligros para la salud física y psíquica del joven que podía suscribir dichos contratos con consentimiento paterno a partir de los catorce años. Como en tantas normas progresistas, se destacaron las limitaciones del aprendizaje y se olvidaron las ventajas.

En la etapa escolar, el alumno asimilará tanto conocimientos fundamentales en las ciencias naturales y sociales como los principios básicos de convivencia comunitarios que lo convertirán en un ciudadano responsable, solidario y cooperador con los principios constitucionales. La universalización de la educación obligatoria exige para trabajar niveles mínimos definidos y es muy difícil para los carentes de ellos acceder a un puesto laboral regular.

La duración de la etapa escolar se ha prolongado al dilatar muchos jóvenes el fin de sus estudios e ingresar en el trabajo sin los niveles mínimos académicos. El desarrollo económico de los últimos treinta años ha permitido a muchas familias prescindir del aporte económico proveniente del trabajo de los jóvenes ya que con el de los padres bastaba; ellos mismos han fomentado la prolongación de los estudios de los hijos que, con frecuencia, ellos no pudieron realizar, pero cuya importancia se reconoce.

b. Etapa laboral

El comienzo del trabajo se ha diluido. Antes se consideraba el primer trabajo como la puerta de entrada en el mundo adulto, actualmente los jóvenes tienen experiencia laboral informal en escenarios diversos: en el barrio, con familiares o conocidos en tareas diversas pero con una compensación económica. Aunque formalmente no se lo considere trabajo, aporta a quien lo realiza elementos del mundo laboral: obligatoriedad, dependencia, puntualidad, responsabilidad y la compensación económica.

Se entra en la etapa laboral cuando se formaliza el primer contrato por escrito, sea cual sea la duración de este, y en el que figuran las condiciones habituales de tiempo, forma y salario. Se trata del rito de paso más importante socialmente para afirmar la entrada en el mundo adulto, confirmada posteriormente con el matrimonio o unión en pareja y establecimiento de un hogar propio, independiente del paterno.

La dinámica social ha erosionado la importancia formal de estos ritos de paso y ya no tienen la importancia del pasado. Se trabaja antes de finalizar los estudios, se convive con otra persona sin matrimonio y sin trabajo, se formalizan contratos temporales en cadena e incluso los contratos fijos no ofrecen garantía de permanencia. La sociedad del siglo XXI es tan fluida que los compromisos son temporales, frágiles y con condiciones aleatorias que los contratantes no controlan.

El total de años dedicado al trabajo ha decrecido; por una parte, la incorporación es a mayor edad por la prolongación de la edad legal de catorce a dieciséis años y, por otra, por la prolongación de la etapa escolar. Esta etapa se alarga por no finalizar la escuela a la edad prevista o por seguir la educación en niveles superiores. La edad media de incorporación al trabajo se estima luego de los veinte años y a final de los veinte para profesiones complejas.

c. Etapa de jubilación o de abandono del trabajo

La jubilación se adelanta por diversas razones. La dinámica económica origina reestructuraciones, desaparición de empresas con jubilaciones anticipadas, por lo que es casi imposible el reempleo de los mayores de cincuenta años.

Por otra parte, aun sin crisis económicas, los empleadores públicos y privados consideran positiva una política de renovación de plantillas que reduce los costes salariales al desaparecer las cargas por antigüedad y que aporta una visión joven contemporánea a los puestos de trabajo.

Debido a la mecanización y robotización de la industria, el esfuerzo físico en la industria es menor y la jubilación no se justifica por este motivo, pero sigue planteándose por la reducción de costes de la antigüedad.

Una razón aducida para el adelanto de la jubilación fue la menor estabilidad del trabajador mayor. Se argumentaba que el envejecimiento originaba más enfermedades y limitaciones; por tanto, reducía su estabilidad en el puesto de trabajo y originaba mayor absentismo.

Asimismo, se aducía que al trabajador mayor le costaba asimilar los nuevos procesos más rápidos, que no tenía interés en formarse y, sobre todo, que era más lento. La conexión causa-efecto parecía adecuada, pero la realidad es tozuda y desmonta con frecuencia argumentos que parecen lógicos.

Las aportaciones de dos grandes psicogerontólogos alemanes Hans Thomae y Ursula Lehr demostraron la estabilidad y motivación de muchos trabajadores mayores precisamente por su deseo de mantener el trabajo. La clave es algo tan elemental en la psicología industrial como la adecuación entre aptitudes del trabajador mayor y exigencias del puesto de trabajo. No en todos los puestos de trabajo, pero sí en los que exista proporcionalidad entre demandas y aportaciones, el trabajador mayor tendrá mayor motivación y será más estable pues sabe que el puesto que ocupa es el último de su carrera profesional.

El adelanto de la jubilación, a pesar de que la pensión sea menor, indica una preferencia que asocia el trabajo con limitación y la jubilación con «merecido descanso».

El resultado es que el trabajador permanece menos años en el trabajo, entra más tarde en la población activa con empleos temporales y tiempos sin trabajo y el final de la vida laboral se adelanta con frecuencia por las jubilaciones anticipadas. El menor número de años en la población activa supone menos años de cotizaciones y menores pensiones, cuando los expertos en previsión social alertan sobre la necesidad de prolongar la vida laboral para asegurar pensiones suficientes.

La realidad no es tan sencilla, ya que el trabajo puede ser muy satisfactorio pasados los sesenta y cinco años y la jubilación, muy perjudicial, como se ha indicado en el síndrome de jubilación. Aparece en el siglo XXI una realidad nueva, la prolongación voluntaria del trabajo después de la edad de jubilación como respuesta a una variedad de factores.

Por una parte, la voluntad del trabajador satisfecho con su trabajo y, por otra, las limitaciones de la seguridad social para satisfacer pensiones a jubilados cuya esperanza de vida crece han llevado a facilitar la prolongación del trabajo y el retraso de la jubilación. Aparecen para facilitar el trabajo prolongado, los contratos de relevo, incentivos como los contratos con flexibilidad de horarios, mejora de las pensiones, exención de cuotas de la Seguridad Social a los empleadores, etc.

5. ENVEJECIMIENTO Y JUBILACIÓN

El envejecimiento de la población, o sea el aumento del porcentaje de personas mayores en la población general, es nuevo. Aparece inicialmente en los países desarrollados, pero se extiende rápidamente a todos los que mejoran sus estructuras sanitarias e inician el desarrollo económico.

a. Cantidad

Cuantitativamente, el incremento del número de personas mayores en las últimas décadas ha sido general y los gobiernos han tenido que formular políticas gerontológicas para responder a las necesidades de los que envejecen.

La salud se convierte en el objetivo político y problema económico de todos los gobiernos, fomentado por el conocimiento de que la mitad del presupuesto sanitario la consumen los ciudadanos jubilados. En 1982 la Organización Mundial de la Salud (OMS) convocó la primera Asamblea Mundial sobre el Envejecimiento en Viena con el objetivo de que los diferentes gobiernos tomaran conciencia de la nueva realidad.

La jubilación ha ganado importancia cuantitativa. Existen en España más de siete millones de jubilados, la esperanza de vida se ha prolongado hasta los ochenta y dos años, la investigación contra las enfermedades mortales avanza continuamente y algunos científicos afirman que durante el siglo XXI llegará a centenaria una parte sustancial de la población. El incremento de la esperanza de vida se ha globalizado en la mayoría de los países, salvo aquellos en guerra civil con regímenes dictatoriales corruptos o con transformaciones intensas de su estructura política. Ejemplos de países que han reducido su esperanza de vida en los últimos años son algunos de África y la propia Rusia, que, con la caída del comunismo, experimentó un descenso de su esperanza de vida hasta hace tres años.

El incremento de la esperanza de vida supone que más personas viven jubiladas durante períodos de tiempo más largos y su cantidad plantea nuevos retos. Nunca en el pasado había existido la proporción de personas mayores actual. Las proyecciones de las Naciones Unidas para España sitúan a nuestro país como uno de los más envejecidos del mundo en el año 2035 y con una tasa de mayores de sesenta y cinco años próxima al 50 por ciento de la población.

El envejecimiento cuantitativo constituye un hecho sin precedentes históricos y la política social debe inventarse para enfrentarse a este. Es cierto que siempre han existido ancianos en todas las sociedades, pero ellos eran los poderosos que podían comer y protegerse de los elementos, vivir en hogares que les resguardaban de los accidentes atmosféricos y de las agresiones personales. La mayoría de la población vivía hasta el Renacimiento, y aun después de este, en condiciones físicas muy precarias y, desde el nacimiento, con enfermedades, limitaciones alimentarias y riesgos personales que acababan con sus vidas prematuramente.

Sin embargo, hasta la eclosión de las revoluciones políticas y el reconocimiento de los derechos humanos universales, no se ponen las bases de la igualdad de todos los ciudadanos en el acceso a la salud y la lucha contra la enfermedad.

En resumen, los jubilados que en España hace veinte años tenían una esperanza de vida de cinco a siete años ahora viven entre diecisiete y veinte años después de la jubilación y las mujeres se jubilan antes y viven más, lo cual les otorga a ambos sexos un papel político y social muy diferente. Hace unas décadas, los jubilados eran tres millones y ahora son más de siete millones y creciendo. La cantidad se ha convertido en un activo político, los jubilados votan más que los jóvenes, tienen tiempo y les interesa la política aplicada a su propio bienestar. Por ello, todos los partidos atienden al electorado mayor, ofreciendo programas realizables inmediatamente, ya que en caso contrario sus promesas electorales pueden volverse contra ellos.

Al enfoque positivo del envejecimiento como conquista social deben añadirse los aspectos negativos. A mayor esperanza de vida, mayor probabilidad de enfermedad, limitación y dependencia, mientras no se intervenga para reducir la incidencia de los factores patógenos que la producen.

La prevención reduce la incidencia de la enfermedad, como es el caso de las enfermedades cardiovasculares en Occidente, donde se ha reducido su incidencia y prevalencia a través de la educación sanitaria, la modificación de hábitos patógenos, los controles periódicos y los apoyos sociales.

b. Calidad

La importancia cuantitativa de los jubilados plantea interrogantes sobre su calidad de vida. No se trata solamente de vivir muchos años, sino de vivirlos con cierta calidad, lo que supone libres de enfermedad o dependencia.

Nadie desea prolongar su vida con limitaciones y ello ha propiciado la medida de los años de vida libres de incapacidad como un indicador de calidad de vida. La calidad de vida se consigue impidiendo, a través de la prevención, que actúen los factores patógenos y desarrollando estilos de vida saludables sin limitaciones.

En la Asamblea General de las Naciones Unidas de 1982 de Viena, se elaboró el lema que refleja la aspiración para la última etapa vital, «Vida a los años y no años a la vida», y con la que están de acuerdo todos los grupos, personas mayores, profesionales y responsables políticos. Lo difícil es convertir este deseo en realidad ya que las limitaciones al envejecer son inevitables por la pérdida de la funcionalidad de los órganos.

II
ESCENARIOS EN LA TRANSICIÓN TRABAJO-JUBILACIÓN

Antes de la jubilación, existe un periodo durante el cual se debería preparar el nuevo estatus social, económico y vital de la persona que abandona el papel de trabajador según las causas que la originen y se lo ha denominado «transición trabajo-jubilación». Es el acto final de una vida laboral y el inicio de otra nueva como jubilado.

Dada la variedad de vidas laborales y la diversidad de personas que experimentan la transición trabajo-jubilación, resulta imposible generalizar sobre dicho periodo. Para ilustrar esa variedad detallamos escenarios reales que se producen con frecuencia.

Son casos actuales sobre la base de los cuales se puede diseñar una estrategia individual de la propia transición trabajo-jubilación. Resulta prudente, en una etapa futura cuya duración se alarga, aprender de los errores ajenos y evitar los propios.

La transición trabajo-jubilación es el periodo previo a la extinción de un contrato de trabajo con factores que afectarán directamente la calidad de vida futura. La extinción está regulada habitualmente en una norma general, convenio colectivo o estatuto funcionarial, pero, al ser un acto individual, como lo fue la firma del contrato, cada sujeto debe asumirlo en sus factores económicos, psicosociales y culturales particulares.

Los profesionales de las ciencias sociales han analizado poco la transición trabajo-jubilación, salvo en su dimensión económica, y con un enfoque fatalista de los distintos grupos intervinientes:

1. **El interesado**, por normas que imponen la jubilación obligatoria, por convenio o edad, salvo directivos o técnicos de alto nivel que tienen cierto poder para negociar con la empresa debido a sus conocimientos estratégicos.

2. **Los sindicatos**, que se concentran lógicamente en las compensaciones económicas del cese, las pensiones y la defensa del poder adquisitivo, pero olvidan temas sociales del jubilable.

3. **Los profesionales de las Relaciones Humanas**, quienes consideran al jubilable como extrabajador y sobre cuyo futuro no tienen responsabilidad ni interés.

Para sistematizar los escenarios basados en casos reales, se utiliza un esquema sencillo de tres apartados: caso típico, comentario y estrategia.

1. REACCIÓN DEL AVESTRUZ: IGNORA LA JUBILACIÓN

Caso típico

Manuel, de cincuenta y siete años, casado y con tres hijos estudiando, es director comercial para Europa de una multinacional extranjera con un volumen de negocios de varias decenas de millones de euros.

Su carrera profesional comenzó como vendedor sin mayor capacitación técnica o comercial. Sus capacidades personales —inteligencia natural, flexibilidad y empatía para las relaciones personales— y la formación interna en la empresa, lo han llevado merecidamente al presente puesto, donde es respetado por sus directivos y colaboradores.

Su jornada de trabajo es extensa e intensa, supervisa a los directores comerciales de los quince países en los que distribuye los productos y su tiempo se reparte entre reuniones en las diferentes delegaciones, programación en la sede europea de Madrid y viajes. El resultado es una vida familiar reducida, en el mejor de los casos, a los fines de semana en Madrid. Valora mucho a la familia, pero es consciente de la poca dedicación que le ofrece.

La jubilación en la empresa es obligatoria para todo el personal a la edad de 65, aunque en los últimos años y según las crisis del mercado han existido jubilaciones anticipadas en diversos países. Los resultados en España han sido últimamente menos favorables que antes.

La esposa de Manuel le pregunta, en un fin de semana sin hijos, si ha pensado en su jubilación. Su reacción es la del avestruz. Le dice que está en la plenitud de su vida laboral y que lo rodea el éxito y el aprecio de sus superiores y no ve por qué tiene que preocuparse de la jubilación, situación de la que se halla muy lejos y que no le interesa comentar para no destrozar el fin de semana.

Comentario

La conducta humana manifiesta reacciones peculiares que no son muy racionales y para identificarlas se utilizan analogías con la conducta animal real o imaginada.

El avestruz es un animal poco conocido en Occidente y al que se atribuye una conducta paradójica: esconder la cabeza cuando aparece un peligro para no verlo y esperar que de esta forma desaparezca. Los zoólogos se plantean si dicha conducta es cierta o no, ya que en caso de peligro el avestruz puede huir a una velocidad más elevada que la mayoría de los animales (sesenta kilómetros por hora). La opinión pública identifica esconderse y no actuar frente a un hecho peligroso como «la reacción del avestruz», una conducta poco racional para los humanos pero que existe en muchas personas.

La jubilación se percibe como algo negativo y no se toman medidas para enfrentarse a ella. Las razones pueden ser diversas: miedo al nuevo estado por experiencias negativas de amigos o compañeros, pereza para tomar decisiones personalísimas, falta de experiencia y competencia para representarse el futuro, etc.

La realidad es que, cuando se interroga a personas próximas a la jubilación sobre sus planes, la reacción del avestruz es frecuente. Respuestas habituales son: «Cuando llegue, ya decidiré», «Para qué pensar en algo futuro que no controlo», «Apenas puedo influir en los factores de mi jubilación, por lo que no vale la pena preocuparse».

Un aspecto conocido y previsto son los ingresos futuros, la pensión más otras fuentes. Sin embargo, aspectos tan importantes como la salud, el uso del tiempo y las relaciones familiares y sociales se dejan para cuando se materialice la jubilación.

Las respuestas encierran medias verdades, pero es obvio que, ante una nueva etapa, siempre es mejor disponer de cierta preparación que de ninguna.

La irracionalidad humana no se restringe a la falta de preparación para la jubilación; se manifiesta en otras etapas vitales contemporáneas como la elección de estudios superiores, la decisión matrimonial, la entrada en el mundo laboral, etc. En todas ellas aparece la pasividad y el olvido de las responsabilidades personales de algunos individuos que en temas muy importantes no deciden y esperan el momento sin información y sin una estrategia personal.

La auténtica razón es que la jubilación es un hecho negativo que sigue representando «la muerte civil». Si no tienes trabajo, no eres nadie en la sociedad contemporánea pues no tienes renta, ni estatus, ni emplazamiento social aceptado. La jubilación es, asimismo, el comienzo de una etapa en la que aparecen las limitaciones del envejecimiento, el incremento de la enfermedad y de la dependencia y el anuncio del fin de la vida.

Estrategia

No existe una respuesta universal a la negación de la evidencia. Existen diferentes factores que propician una toma de conciencia sobre la jubilación, dados la edad de Manuel, los antecedentes de reestructuraciones en la empresa y los malos resultados en España. Sin embargo, Manuel no parece reconocerlo y afirma que para él no es un tema de interés.

La estrategia en una persona tan segura tiene que ser múltiple para esperar que en algún momento reaccione. La experiencia ajena de algún colega de otro país y puesto similar puede ser más útil que las sugerencias familiares. También, las políticas sobre jubilación en empresas de la competencia, el contacto con algún jubilado al que Manuel respetaba cuando estaba en activo, cualquier evidencia de que la jubilación constituye un hecho universal al que no se puede sustraer ningún trabajador y debido a que es mejor reconocerlo que ignorarlo.

Lo más importante es reconocer la ignorancia por el nuevo hecho vital y facilitar a Manuel la información necesaria. En cualquier momento, como persona inteligente, asumirá que él no constituye una excepción a la regla general. El momento en que ello pueda ocurrir es impredecible, pero quienes lo rodean y aprecian deben aprovechar cualquier circunstancia para que la reacción del avestruz se sustituya por una conducta racional: «yo también me jubilaré y lo aconsejable es prepararme para ello en todas las dimensiones del nuevo estado».

2. LA GUILLOTINA O JUBILACIÓN POR EDAD LEGAL

Caso típico

Alejandro, de cincuenta y seis años, padre de familia con dos hijos emancipados económicamente, lleva 32 años trabajando en la Caja de Ahorros X en la que ingresó tras una breve experiencia en un banco.

En su vida laboral ha recorrido los diferentes puestos de trabajo que corresponden a su titulación de licenciado en Empresariales, desde auxiliar en una sucursal hasta director de otra, y ahora se halla en los servicios centrales en control de gestión. Su vida laboral ha seguido las etapas regulares que establece la política de personal de la Caja y su jubilación seguirá la misma trayectoria. Puede escoger jubilarse anticipadamente a los cincuenta y ocho años o seguir hasta los sesenta y cinco sin que ello suponga una mejora real de su pensión. Alejandro piensa, dado que se halla en buena forma física y mental, jubilarse a los sesenta y siete años, tope legal en España, aunque reconoce que, si lo hiciera con anticipación, podría mejorar económicamente si complementara su jubilación con una ocupación. Sin embargo, no ve fácil encontrar otra actividad y se representa mejor su futuro como jubilado por edad que jubilado anticipadamente.

Su jubilación está planificada y salvo que cambie la política de personal de la Caja, él ya tiene su decisión tomada.

Comentario

El sujeto y la organización se ajustan a lo que prevé la legalidad, extinción del contrato de trabajo como una guillotina que separa radicalmente el periodo laboral del de jubilado. El individuo se acuesta trabajador el día que cumple la edad especificada y al día siguiente se despierta jubilado.

Cuando se jubile, Alejandro puede integrarse en algún centro de extrabajadores de la propia Caja. El estatus social habrá cambiado, de trabajador activo a jubilado, pero las personas y el medio social serán semejantes a cuando era activo.

La causa de la jubilación es ajena al trabajo, se basa en el cumplimiento de la edad legal de jubilación, en España sesenta y siete años, salvo regulación específica en convenio colectivo o estatuto de la función pública.

La jubilación por edad es una medida objetiva que no discrimina a las personas por condiciones personales, se aplica uniformemente a todos los que nacieron en la misma fecha.

La edad como criterio único no es un buen indicador. Las personas al final de sus vidas son muy diferentes, tanto en capacidades como en preferencias; aplicar la misma regla a sujetos diversos no es justo y no maximiza el bienestar personal o social. La jubilación por edad es equitativa en su origen, pero ignora las diferencias individuales e impide la autonomía individual para una decisión tan personal como dejar el trabajo al que se ha dedicado la mayor parte de la vida activa.

En política social se ha defendido por su objetividad, evita pruebas de aptitud subjetivas, facilita la previsión de las pensiones y simplifica su administración, pero no reconoce la diversidad humana de los jubilables y, por tanto, no es una buena política para los que se jubilan.

Estrategia

La estrategia es adaptarse a la planificación prevista, ya que no hay flexibilidad para el jubilable. La ventaja es que constituye la «crónica de una muerte civil anunciada», que saberlo con tiempo permite adoptar estrategias personales y, en su caso, beneficiarse de los servicios que el empleador o los servicios sociales ofrecen a los jubilados. Excepcionalmente existen programas de Preparación para la Jubilación que facilitan la transición trabajo-jubilación.

Las novedades para el jubilado no acontecen en relación con la empresa ya que todo está fijado, sino en aspectos familiares, económicos y sociales al margen de lo definido legalmente y de los que debe ocuparse con tiempo.

3. JUBILACIÓN ANTICIPADA: PREJUBILACIÓN POR EMPRESA

Caso típico

José es administrativo en la sede española de un banco internacional, tiene cincuenta y cuatro años y una antigüedad de veintidós años. Se encuentra bien en su trabajo y lo considera seguro ya que la empresa produce beneficios. Está casado y tiene dos hijos que finalizan su formación.

El director general ha convocado a todo el personal y les comunica que la central ha decidido realizar una importante inversión en informática, lo cual supone la supresión de varios puestos administrativos, entre los cuales se halla el de José. El banco abonará a los trabajadores afectados el máximo legal así como una indemnización adicional de dos meses y mantendrá su afiliación a la Seguridad Social hasta que lleguen a la jubilación anticipada a los sesenta años.

La noticia sorprende a José. Aunque tiene amigos que han experimentado la misma situación, no esperaba que le sucediera a él, dada la buena marcha del banco. Se halla perplejo y necesita tiempo y consultas con su esposa y colegas para asumir la noticia con todas sus implicaciones. En principio no se ve como jubilado a los cincuenta y cuatro años cuando sabe que la esperanza de vida de su generación pasa de los ochenta años. Le gusta trabajar, pero es consciente de la dificultad de encontrar un empleo a su edad y, además, los hijos aún no han abandonado el hogar y no parece que lo vayan a hacer pronto.

Comentario

La informatización de los bancos, aun con beneficios, lleva a la reducción de puestos de trabajo y disminución de los costes de personal, un proceso frecuente en todos los sectores y frente al cual los sindicatos tienen pocas posibilidades de éxito. En el pasado, los sectores amenazados (montaje de maquinaria pesada, extracción de materias primas) tenían unos costes laborales elevados y se justificaba económicamente el traslado de la producción a países de costos inferiores.

Actualmente, cualquier trabajador en cualquier sector tiene el riesgo de que su puesto se suprima y se le ofrezca una jubilación anticipada. Las decisiones no las toman los directivos de las empresas sino los gestores de los fondos de inversión con intereses en muchos países y políticas a las que ni el empleado ni los sindicatos tienen acceso.

Estrategia

El trabajador a cualquier edad, pero en especial a partir de los cincuenta años, debe concienciarse de que su puesto es frágil y que debe elaborar alternativas para el caso de que se elimine. Lo más importante es seguir una formación continuada que lo mantenga actualizado y con un potencial de empleo. Como empleado, José debe explorar las posibilidades de trabajar como profesional independiente, aceptando la propuesta de jubilación anticipada, dadas sus buenas relaciones con clientes del banco a los que puede asesorar en temas de administración.

José se ha mantenido informado por la empresa y por su propio interés sobre las innovaciones en su campo, por lo que puede ofrecer servicios de calidad a otras empresas. La formación continuada y la adaptación a puestos diversos constituyen una característica del trabajo contemporáneo.

En cualquier caso, la noticia es un reto para el futuro y, a los cincuenta y cuatro años, se considera capaz de asumirlo; aunque suponga un planteamiento global de su futuro económico, familiar y social, por lo que necesita tiempo y buenos consejeros.

4. JUBILACIÓN PROGRESIVA Y FLEXIBLE

Caso típico

Ramón tiene sesenta y un años y es ingeniero director de la oficina técnica de una empresa mediana, propiedad de un compañero de carrera, y en la que lleva 25 años a plena satisfacción de ambos. El sector en el que se hallan es muy competitivo y Ramón está al corriente de las novedades a través de viajes a ferias, congresos y compra de patentes, y actúa con gran libertad y confianza total de su amigo y propietario.

Personalmente tiene pocas necesidades, su mujer trabaja, sus hijos se han independizado y su máxima felicidad consiste en trabajar y aportar continuamente elementos innovadores para la supervivencia de la empresa. Le preocupa que le falten solamente cuatro años para la jubilación, sabe que el tiempo pasa rápidamente pero aún no ha decidido qué hacer. Por su formación técnica no desea adoptar la técnica del avestruz.

Un sábado se halla solo en la empresa preparando un viaje, aparece el propietario y decide plantearle el tema de su jubilación. Es un tema tabú para ambos y quedan en comer ese mismo día y encontrar una solución satisfactoria para los dos.

Comentario

La jubilación de personas clave en la empresa es un tema mal resuelto, plantea interrogantes únicos que no pueden englobarse en las jubilaciones normales. Las personas estratégicas tienen una experiencia y capacidad de juicio adquiridas a lo largo de varias décadas. Cuando se jubilan, surge el interrogante de cómo cubrir su vacante y no perder los valores del jubilado, quien demostró durante años su utilidad. La decisión se dilata con frecuencia pues no es urgente; finalmente se decide al cumplir la edad reglamentaria y con poco examen de la multitud de alternativas posibles.

En este caso se trata de aprovechar la experiencia de Ramón en la búsqueda de innovaciones y no interrumpir sus servicios súbitamente.

Durante la comida, plantean claramente sus requisitos y acuerdan que cada uno explorará las posibilidades legales y económicas de la jubilación de Ramón.

Estrategia

Cuando el trabajo es valorado por el empresario y por el trabajador, la situación resulta ideal para una jubilación progresiva y beneficiosa para ambas partes. Partirían de un listado de las demandas globales de cada parte y no solo de las laborales y económicas, establecerían para la empresa un calendario para la sustitución del trabajador y su pase a la jubilación, según sus necesidades personales, familiares, residenciales, etc.

La empresa debería iniciar un proceso de selección interna y externa con la ayuda del que se jubila para el sustituto idóneo. José debería establecer sus prioridades basándose en su estado de salud y preferencias personales y sociales. La familia tiene un papel importante en la jubilación de sus miembros, quienes van a tener tiempo disponible que incidirá en la vida en común.

Luego de las consultas correspondientes, Ramón y el propietario han llegado al siguiente acuerdo: Ramón seguirá trabajando hasta los sesenta y cinco años, pero se iniciará ahora mismo el proceso de selección para encontrar su sustituto en el plazo máximo de un año. El seleccionado será formado durante los cuatro años que restan hasta la jubilación de Ramón y asumirá progresivamente sus funciones. Cuando Ramón cumpla sesenta y siete años, se planteará si desea prolongar su trabajo a tiempo completo o parcial y lo más conveniente para el trabajador y la empresa, basándose en las nuevas disposiciones sobre prolongación de la vida laboral y contrato de relevo.

5. JUBILACIÓN INSTANTÁNEA POR TIC (TÉCNICAS, INFORMACIÓN Y COMUNICACIÓN)

Caso típico

Javier, de cincuenta y seis años, es jefe de producto de una multinacional, con una antigüedad de treinta años en una importante filial de España. Se halla en un aeropuerto un viernes por la tarde esperando la conexión que lo lleve a casa. Su puesto radica en Madrid, pero mantiene su domicilio habitual en Barcelona. Su mujer trabaja, los dos hijos se encuentran bien en el colegio y no le ha parecido posible trasladar su domicilio y a toda la familia a Madrid. Suena su teléfono móvil y encuentra escrito el siguiente mensaje:

«Sr. X: la empresa reestructura su organización comercial en Europa y concentra sus operaciones en Londres. Su puesto de trabajo ha sido trasladado a Londres, donde debe incorporarse la próxima semana. Caso de no estar interesado, le ofrece la jubilación anticipada en las condiciones que se le expondrán en Madrid».

Javier no da crédito a lo que acaba de leer. Ha tenidos grandes éxitos en su trabajo, se encuentra bien en la empresa y no comprende las razones del cambio de sede comercial. Ninguna de las alternativas ofrecidas le atrae: Madrid era un inconveniente para la relación familiar y Londres es inadmisible si quiere seguir siendo el cabeza de familia. Se enfrenta a una situación única ya que no se ve como empleado en Londres ni como jubilado en Barcelona; necesita tiempo, y lo va a tener pues se anuncian retrasos en su vuelo.

Comentario

El caso de Javier es semejante al de José en la oferta de jubilación anticipada, pero incorpora la oferta del puesto de trabajo en Londres, lo cual complica la situación.

Este caso ilustra la actual dinámica de las Relaciones Humanas y de la comunicación en la empresa ya que utiliza un instrumento nuevo e impersonal para una comunicación individual y única con efectos globales en la vida futura de un empleado.

Las relaciones humanas en la empresa se han materializado mucho y la gestión del personal olvida aspectos intangibles pero necesarios como el contacto directo y el respeto a la individualidad del trabajador.

Estrategia

La relación de Javier con la empresa ha cambiado en un instante. De pensar que se jubilaría a la edad reglamentaria y que conseguiría cada año mejores resultados, ahora siente una indignación intensa por el mensaje recibido y, sobre todo, por la forma de comunicarlo. La empresa a la que ha dado todo, las mejores energías de sus treinta años y la experiencia de sus cincuenta, por la que había sacrificado mucho su vida familiar, se convierte en una desagradecida y prescinde de él sin ningún contacto personal.

Javier debe olvidar sus sentimientos y racionalizar totalmente la situación, que beneficiará a su esposa, que ha sufrido su elevada dedicación al trabajo y una menor atención a la familia. Se trata de que negocie las condiciones que pueden interesar a la empresa en la nueva localización pero recordando que lo entregado a la empresa en el pasado no se refleja en la forma como lo trata en el presente.

III
EL CUERPO Y LA SALUD FÍSICA

La calidad de vida del jubilado se basa en la tripleta: salud (física mental y social), dinero y amor, rematada por el castizo: «y tiempo para gastarlo». Si a estos elementos añadimos la vivienda, tendremos las bases fundamentales para una vida digna en el siglo XXI. Detallamos para fijar los elementos:

- Salud física del organismo, sus aparatos y funciones sin dependencia.

- Salud psíquica y mental.

- Salud familiar y de las relaciones sociales.

- Dinero o medios materiales para mantener un nivel de vida adecuado.

- Vivienda, hogar o alojamiento adaptado a necesidades personales.

Comenzamos por la salud física, que se origina y manifiesta en el organismo humano, soporte de toda vida.

¿Herencia o ambiente?

La salud física del jubilado experimenta pérdidas, asociadas al envejecimiento, aunque su intensidad y manifestaciones varíen enormemente. Los factores actuantes se clasifican en genéticos, heredados de los padres al nacer y sobre los que no se tiene influencia, y factores del medio ambiente o sociales, que actúan durante toda la vida y, por tanto, pueden influenciarse.

¿Qué factores son más importantes en el envejecimiento: los heredados o los ambientales?

Hoy la influencia respectiva se sitúa en torno a 40 por ciento de los heredados y a 60 por ciento de los ambientales. Sobre los factores genéticos, hasta el presente lo único cierto era que de padres sanos existía mayor probabilidad de hijos sanos y que, de padres longevos, también cabía esperar longevidad filial, según el refrán imposible: «Si quieres vivir muchos años, búscate padres sanos».

A continuación, identificamos los órganos, los sistemas y sus funciones en la salud del jubilado. Como toda simplificación, es una aproximación a la complejidad del organismo, que envejece con poca comunicación y exceso de lenguaje técnico entre médicos y jubilados. Un ejemplo clásico de incomprensión es el del paciente que dice a su médico: «los supositorios han mejorado mis hemorroides, pero tenían un gusto infernal».

Para evitar estas situaciones, exploraremos lo que sucede a nuestro cuerpo al envejecer para adoptar estrategias que potencien nuestra calidad de vida.

1. ESTRUCTURA Y FUNCIÓN. EL ESQUELETO Y LOS MÚSCULOS

Nuestro esqueleto se resiente con los años dado que no está diseñado para andar en bipedestación. Sería mucho más efectivo que anduviéramos a cuatro patas, pero la evolución humana propició que el hombre deseara ver el mundo con mayor perspectiva que la del suelo y decidió ponerse de pie. Tras varias décadas mirando el horizonte, la estructura esquelética se resiente como la de cualquier construcción estática que hay que reforzar, consolidar o por lo menos mantener, si queremos que el edificio siga en pie.

La diferencia fundamental es que nuestros huesos son material vivo que necesita calcio, que al envejecer no consumimos en demasía. La osteoporosis o carencia de calcio en los huesos incrementa el riesgo de fractura y es mayor en las mujeres, quienes, con generosidad, ceden calcio al hijo en el embarazo. Si el calcio no se repone con aportes suplementarios, básicamente a través de la leche o derivados lácteos, se traduce en una mayor fragilidad femenina del esqueleto y riesgo de fractura.

La fragilidad de la estructura-esqueleto aumenta con su uso abusivo en profesiones con esfuerzos intensos o bipedestación permanente: vendedores, profesores, operarios de maquinaria, que, tras varias décadas de trabajo, comienzan a experimentar artrosis y limitaciones en los movimientos habituales: levantarse, pasear, cargar pesos, movimientos habituales de la vida diaria. El dolor crónico o permanente acompaña a muchos jubilados, así como el riesgo de fractura que aparece a partir de los ochenta años.

La respuesta de la cirugía ortopédica ha sido espectacular y la implantación de prótesis de cadera y de rodilla es ya un procedimiento frecuente. El esqueleto es frágil y se fractura, pero la cirugía ortopédica lo remedia con mejores técnicas quirúrgicas y prótesis, respondiendo a la mayor demanda por incremento de la esperanza de vida y deseo de calidad de vida.

El esqueleto, para prestar su enorme variedad de funciones, requiere de una fuerza impulsora: los músculos y los nervios que transmiten las órdenes. Para utilizar un símil moderno, esqueleto y músculos componen el *hardware* del movimiento y el sistema nervioso, el *software*, pero de él trataremos más adelante.

Los músculos, tendones y ligamentos recubren el esqueleto y son la fuerza dinámica del movimiento mientras que el esqueleto es la estructura de soporte. Debido a esta integración funcional, se identifica el sistema como músculo-esquelético, ambos se complementan para proporcionar soporte y movilidad.

Los músculos se desarrollan durante la adolescencia y, si se mantienen, duran toda la vida para cumplir su función dinámica.

Sin embargo, el hombre de la sociedad industrial, a causa de la mecanización del entorno, no utiliza sus músculos como en las sociedades rurales preindustriales. A partir de los veinticinco o treinta años, existe una pérdida general de la fuerza y masa muscular por falta de ejercicio debido a la mecanización y a los servomecanismos ambientales.

Recientemente han surgido orientaciones para ejercitar los músculos en las ciudades mediante actividades habituales y se ve a directivos, médicos y funcionarios andar regularmente, evitar los ascensores y subir a pie a sus puestos de trabajo realizando un ejercicio saludable en dirección al trabajo o desde él.

La vida es movimiento y el movimiento es vida, según la clásica definición médica, y asimismo la manifestación más clara de la autonomía humana. El jubilado comprueba sus limitaciones cuando ve con sorpresa que no puede levantar al nieto de tres años pues su espalda acusa un dolor intenso, cuando se agacha para besarlo y comprueba que recuperar la postura de pie también resulta doloroso.

Señales inequívocas del envejecimiento en el esqueleto son la reducción de la talla por aplastamiento de los discos intervertebrales y la curvatura lumbar para atenuar el dolor del estiramiento de la columna; ambas señales ofrecen la imagen típica del jubilado envejecido con la espalda doblada.

Las limitaciones musculoesqueléticas de los familiares mayores en actividades diarias que requieren esfuerzo físico ofrecen oportunidades a los más jóvenes para practicar la ayuda intergeneracional y fortalecer a la familia, como se verá en el apartado sobre salud social.

2. LA BOMBA IMPULSORA Y SU FONTANERÍA: CORAZÓN, ARTERIAS Y VENAS

La sangre es la vida de las células. De su distribución por el organismo, se encarga el corazón, bomba impulsora que la manda a través de las arterias y recoge por las venas. La bomba funciona normalmente desde el nacimiento, pero a partir de los sesenta y cinco años pueden aparecer arritmias y fibrilación en ventrículos y aurículas que impiden el vaciado total o la impulsión correcta.

Cuando la sangre no llega normalmente a los miembros, aparece la isquemia, que priva del oxígeno vital a las células. La angina es un calambre del corazón que, si dura, se convierte en un infarto de miocardio. El envejecimiento acumula detritus-colesterol o ateroesclerosis en las arterias- tuberías, como sucede en las viviendas, y hay que llamar al cirujano-fontanero para que las desatasque a través de los baipases, estents y resto de parafernalia quirúrgica. Lo mejor sería evitar la obstrucción de la placa de ateroma en las arterias, preludio del infarto, del accidente vascular cerebral (AVC) o de la apoplejía cerebral; pero ello supondría un control de la nutrición y del colesterol que no toda la población puede o quiere realizar.

Con la edad, aparecen las patologías de las válvulas que acumulan residuos como las arterias, no se abren regularmente y alteran el ritmo del corazón. Las intervenciones tratan de suprimir las obstrucciones, reemplazar las válvulas o regularizar el latido a través de los marcapasos.

Otra limitación frecuente al envejecer es la hipertensión, que afecta a una tercera parte de los pacientes mayores de sesenta y cinco años, con origen y consecuencias en los riñones o en la diabetes y en la obesidad. El tratamiento de la hipertensión se basa en el control del estilo de vida, de la nutrición y del peso, en la reducción de la ingesta de sal y en el consumo de fármacos.

Cuando el retorno de la sangre no es correcto, aparece la insuficiencia venosa, con inflamaciones en las piernas y varices. Las tuberías de retorno de la sangre se obstruyen y aparece algo semejante a los escapes en las tuberías, pero en las venas. La inundación es interna y se llama edema.

El corazón es un órgano sensible a los sentimientos y las relaciones sociales; la poesía y la novela no están equivocadas cuando lo convierten en la sede de las emociones y, sobre todo, del afecto supremo, el amor.

Los médicos, al realizar un diagnóstico de las enfermedades del corazón, incluyen los hábitos vitales del enfermo: nutrición, ejercicio, trabajo, tensiones posibles, relaciones familiares y sociales satisfactorias, entre otros; lo que se identifica como estilo de vida. Según cuál sea dicho estilo, las limitaciones del corazón pueden controlarse o tener un mal pronóstico. El corazón avisa con frecuencia y una reforma de los hábitos vitales puede ser la diferencia entre una vida controlada o la muerte. De ahí la importancia de que los Programas de Preparación para la Jubilación incluyan educación para la salud con examen médico e identifiquen riesgos del corazón que faciliten un enfoque preventivo.

El trabajo suele ser uno de los factores causantes de la tensión vital, origen de tantas afecciones cardíacas; la jubilación, si se prepara, es una ocasión única para iniciar una vida saludable.

El corazón no es, sin embargo, una bomba mecánico-eléctrica y tiene el misterio de todos los órganos con un comportamiento imprevisible: invalideces y muertes por accidentes cardiovasculares en personas jóvenes, sanas y controladas con pruebas cardiológicas recientes, parafraseando el clásico «el corazón tiene razones que la razón no comprende» (Pascal).

3. EL AIRE VITAL. OXÍGENO Y SUS PROPULSORES, LOS PULMONES

En la exposición sobre el corazón, se indicaba la importancia del oxígeno, que transporta la sangre a todas las células. La sangre obtiene el oxígeno necesario para la vida a través de los pulmones. Corazón y pulmón están tan estrechamente relacionados que antiguamente muchos médicos eran especialistas cardiopulmonares; actualmente, ningún médico de cualquier especialidad puede ignorar la conexión entre el pulmón que oxigena la sangre y el corazón que la distribuye.

La materia vital que compete a ambos sistemas es el aire oxigenado, llamado antiguamente «energía vital», indispensable para la vida celular. La población sin formación médica percibe fácilmente la necesidad de oxígeno en ambos sistemas. La falta de oxígeno en el corazón puede aparecer como un cansancio difuso, pero no se nota normalmente la falta de oxigenación, salvo en algunos infartos. En el aparato respiratorio, la falta de aire se acusa y atribuye directamente a la escasa funcionalidad de los pulmones; el cansancio se identifica con la frase «me falta aire, me ahogo».

Los pulmones cumplen tres funciones básicas: recibir la sangre, oxigenarla y enviarla por el sistema circulatorio a todo el organismo. Son una maravilla mecánica y fisiológica; extendidos, cubrirían diez mil metros cuadrados y su estructura, para desempeñar la función oxigenadora, es de una gran complejidad bioquímica.

El aire oxigenado es vida, no solo para los pulmones, sino para la sangre y todas las células que se alimentan de oxígeno. La carencia de oxígeno en el aire o en la sangre se ha identificado como una de las causas fundamentales del envejecimiento, por lo que se lucha activamente contra los radicales libres que detraen el oxígeno de la sangre y finalmente de la célula.

Un cardiólogo eminente, el Dr. Nuland, quien ha reflexionado humanísticamente sobre la medicina, afirma: «Si hubiera que nombrar el factor universal de todas las muertes tanto a nivel global como planetario, este sería la pérdida de oxígeno». Su testimonio se refrenda con el de quien fue jefe de Sanidad de Nueva York durante veinte años, Dr. Milton Helpern: «La muerte se puede deber a una amplia variedad de enfermedades y trastornos, pero, en todos los casos, la causa fisiológica subyacente es el colapso del ciclo de oxigenación corporal»[1].

La forma más frecuente de muerte en el anciano es la neumonía, la cual infecta los pulmones, que no pueden oxigenar la sangre,

---

[1] Sherwin B. Nuland, *Cómo morimos*. Alianza Editorial, Madrid, 1995, pág. 77.

y se extiende a otros órganos, como los riñones, el hígado y el corazón. La población lo sabe y valora la importancia del aire para la vida.

Actualmente el aire ambiental se mide científicamente. Se conoce su importancia en la aparición de enfermedades y se informa de su calidad por la ausencia de contaminación a través de los medios de comunicación, como también de la temperatura y humedad, componentes básicos de la calidad de vida ambiental.

La sociedad industrial y la de servicios han propiciado la contaminación atmosférica por el uso de energías contaminantes en la industria, en la calefacción y en la automoción; en la actualidad, el aire carente de polución es una de las características más valoradas en la selección de vivienda o en la localización de centros de trabajo.

La jubilación supone para muchos trabajadores industriales el dejar un puesto de trabajo contaminado y disfrutar de una atmósfera más limpia, con la consiguiente mejora de su oxigenación y calidad de vida. En caso de que la jubilación suponga un cambio de residencia, el jubilado, como una joven pareja, valora la calidad del aire de los domicilios como factor importante en su calidad de vida global.

El tabaco es un contaminante que incide directamente sobre la funcionalidad de los pulmones, causa pérdida de elasticidad y acumulación de residuos tóxicos. Con frecuencia, se lo considera inherente al trabajo, sea como factor relajante o de relación social. El jubilarse puede ser una excelente ocasión para dejar el tabaco, ya que al desaparecer la causa puede combatirse su consecuencia negativa.

En las últimas décadas, ha surgido un interés especial por un conjunto de enfermedades agrupadas bajo el acrónimo EPOC (enfermedad pulmonar obstructiva crónica), que agrupa diversas patologías caracterizadas por la pérdida de funcionalidad de los pulmones. Sus causas se resumen en las nuevas formas de vida moderna en ambientes urbanos o laborales con elevada contaminación del aire y en la incapacidad de los pulmones para seguir prestando su función oxigenadora.

4. FABRICACIÓN Y CONSUMO SALUDABLE. DIGESTIÓN Y NUTRICIÓN

Las funciones básicas para una vida sana asimilan el cuerpo a una fábrica que elabora productos para que el propio trabajador los consuma. Intervienen varias máquinas, como son el aparato digestivo y los órganos y sistemas que lo complementan: hígado y riñón, imprescindibles para que el producto elaborado se consuma y produzca salud.

De todos los factores que proporcionan salud y calidad de vida en ausencia de enfermedades agudas, el más importante según todos los tratadistas es la alimentación saludable. Ya decía nuestro clásico «la salud del cuerpo se elabora en la oficina del estómago».

La dieta mediterránea identificada por nutricionistas anglosajones y escandinavos como la más saludable surgió a consecuencia del estudio de la mortalidad por enfermedades cardiovasculares en países mediterráneos. Las patologías cardiovasculares responsables de la mayor mortandad en países anglosajones no aparecían en los mediterráneos con la misma intensidad. La causa identificada fue el consumo de verduras frescas, fruta, pescado y poca carne y grasas, la dieta básica de las naciones mediterráneas.

Actualmente, todos los gobiernos han elaborado pautas de dietas saludables inspiradas en la dieta mediterránea. La realidad es que la dieta clásica se ha perdido en el Mediterráneo y aparecen patologías en niños y adultos, resultado de cambios en la alimentación, por la oferta de productos elaborados, más económicos que los frescos de la dieta clásica.

La obesidad en adultos y niños es una amenaza en el mundo desarrollado por el consumo de alimentos preparados con exceso de sal y grasas. El índice de masa corporal (IMC) o relación entre altura y peso es un indicador fácil para calcular la obesidad o sobrepeso.

En la jubilación, surge la oportunidad de cambiar una dieta condicionada por el trabajo y facilitada por la organización por una dieta controlada por el propio jubilado o su cónyuge y elaborada en el hogar. Con frecuencia, el trabajador justifica la dieta poco saludable por las exigencias del puesto de trabajo: necesita energía o satisfacciones que no encuentra en su puesto y busca, a través de excesos o caprichos en la alimentación, una compensación a un trabajo agotador o rutinario. Un comentario típico en preparación para la jubilación es el de operarios de máquinas, conductores de camiones o de trenes que justifican sus excesos alimentarios por la necesidad de energía para desempeñar debidamente el puesto.

Al jubilarse, los ritmos vitales cambian y el hogar puede rediseñar sus funciones para la mejor salud de sus ocupantes. Los talleres de nutrición para parejas en la preparación para la jubilación son un instrumento para la mejora de la dieta: en ellos, las dos personas convivientes y comensales habituales elaboran con un nutricionista o médico una dieta saludable, adecuada a sus preferencias y nivel económico.

Otro tipo de mejora alimentaria al jubilarse es la recuperación del huerto individual autocultivado para consumo familiar, actividad fomentada por diversos ayuntamientos y empresas, y asumida con interés por jubilados actuales procedentes de medios rurales. A través del huerto familiar, se logran dos objetivos: ocupación inteligente del tiempo del jubilado y dieta saludable y económica para la familia.

Digestión

La dieta saludable se convierte en alimento sano a través del sistema digestivo, que comienza en la dentadura con la masticación, prosigue en el estómago e intestinos y, con la ayuda del hígado y de los riñones, finaliza por la excreción a través de la uretra y el ano. Cuando la fábrica funciona, el equilibrio es perfecto, pero en la jubilación aparecen múltiples riesgos.

La masticación no se realiza correctamente si la dentadura no tiene sus elementos bien preparados. El examen de la dentadura de los jubilados muestra carencia de piezas dentales que impiden una trituración correcta. Una decisión básica consiste en la reposición de las piezas para iniciar la primera etapa de la digestión correctamente. La Asistencia Sanitaria Pública no incluye regularmente las prótesis dentales. Con frecuencia jubilados previsores que reciben indemnizaciones por cesar en el trabajo dedican una cantidad para equipar su dentadura con piezas que aseguren una masticación correcta.

Una limitación frecuente suele ser la hernia de hiato que debe evitarse para impedir la regurgitación gástrica y que puede combatirse fácilmente en sus etapas iniciales.

Las úlceras de estómago dificultan la digestión y se atribuyen con frecuencia a trabajos con tensión, que aumentan la secreción ácida que daña la mucosa gástrica. La jubilación es una excelente ocasión para que, al desaparecer la causa de la acidez —el trabajo—, se recupere la funcionalidad normal del estómago y mejore la calidad de vida.

Algunos científicos identifican el envejecimiento con la deshidratación, siendo causa frecuente en el anciano la falta de sed, por lo que su consumo de agua es inferior al necesario para una buena funcionalidad general y específicamente digestiva.

Del estómago, el bolo alimentario pasa al intestino delgado, donde se absorben la mayoría de las grasas y carbohidratos. Sigue en el intestino grueso, donde continúa la digestión hasta llegar a la evacuación de las heces por el ano.

El estreñimiento constituye una patología frecuente en personas mayores. Para evitar su etapa más grave, la impactación o imposibilidad de evacuación, debe combatirse globalmente con alimentación adecuada, hidratación, ejercicio y regularidad en las deposiciones.

El páncreas es un órgano básico en la dilución de las grasas, por lo que debe cuidarse su funcionalidad, que facilita las digestiones adecuadas.

Hígado

La digestión sería imposible sin el hígado, órgano fundamental para metabolizar los nutrientes, como grasas, alcoholes, carbohidratos y proteínas, excretar los productos tóxicos y mantener los niveles de glucosa en sangre. El hígado es la planta filtrante y procesadora más importante para el aprovechamiento de la alimentación.

Las principales patologías del hígado en torno a la jubilación son las infecciones por el virus de la hepatitis, con frecuencia fruto de estancias hospitalarias. La cirrosis profesional tiene como causa frecuente el consumo elevado de alcohol en el trabajo de vendedores y artistas, en la restauración y en los hoteles y en profesiones en cuyo ámbito el alcohol se oferta o es un facilitador de la relación.

Riñones

Los riñones son las plantas filtradoras de la sangre, le devuelven los productos útiles y acumulan los residuos en la vejiga urinaria para ser evacuados periódicamente. La limitación más frecuente en el jubilado varón es el aumento de tamaño de la próstata, que lleva a la mayoría de la población a algún tipo de intervención.

Con el envejecimiento, la vejiga pierde capacidad de almacenamiento y los jubilados, conscientes de la necesidad de micción frecuente, elaboran estrategias adecuadas para una vida social sin tensiones. En la decisión sobre visitas, viajes y espectáculos, es frecuente que los jubilados identifiquen los aseos disponibles como elemento decisivo de su selección y que elaboren mapas de las localizaciones de estos para facilitar la evacuación sin problemas.

El fallo en la filtración de los riñones requiere la diálisis por mecanismos externos, que han mejorado mucho en años recientes con los aparatos domésticos. Una mayoría de sujetos en diálisis son candidatos a un trasplante de riñón, pero las listas de espera de este órgano son siempre mayores que las de donantes.

5. CEREBRO Y SISTEMA NERVIOSO: LAS TIC DEL CUERPO

El cerebro es el centro de las funciones superiores del organismo humano y se diferencia del cerebro animal por las funciones superiores: inteligencia, voluntad y motivación, pero, asimismo, es el centro de control que transmite a través de los nervios las órdenes para el funcionamiento del cuerpo. Unas funciones son automáticas y se realizan sin control del sujeto, como los latidos del corazón o la digestión; otras son voluntarias, como el movimiento de las extremidades o de los ojos.

El conjunto de cerebro y sistema nervioso se compara a las redes de información y comunicación presentes en todas las actividades modernas para cumplir los fines sociales. Si falla una red telefónica, los ciudadanos no pueden trabajar, relacionarse, etc. Si se corta un nervio, el miembro correspondiente no obedece las órdenes del cerebro.

El cerebro está compuesto por neuronas comunicadas entre sí a través del axón, que transmite la información a otras neuronas por la sinapsis o punto de unión entre neuronas adyacentes. El conjunto de neuronas forma las fibras de los nervios que transmiten las órdenes a todo el cuerpo. La comunicación tiene lugar a través de un proceso electroquímico gracias a unos mensajeros, los neurotransmisores, que originan una corriente eléctrica en la neurona.

Al envejecer, el cerebro y el sistema nervioso tienen pérdidas normales: disminución del número de células, menor respuesta a los estímulos, pérdida de memoria reciente y alteraciones del equilibrio global. Dada la función reguladora del cerebro para el conjunto del cuerpo, cualquier alteración de éste tendrá una influencia en las múltiples funciones que controla. Asimismo, existe una reducción de la plasticidad neuronal o capacidad de adaptación a los cambios internos o del medio ambiente por pérdidas en los neurotransmisores químicos que inciden en la sinapsis o espacio entre el axón de un nervio y la siguiente neurona.

Con el envejecimiento se pierden neuronas (únicas células que no se regeneran): hasta 100.000 por día, lo que equivale a 2000 millones perdidas durante cincuenta años. Ello no es importante si se considera que en el cerebro existen 100.000 millones de neuronas (10 elevado a 11)[2].

Al acumular años, las funciones cerebrales y la transmisión de las órdenes al sistema nervioso enlentece, como sucede con todos los órganos y aparecen enfermedades que afectan al cerebro, demencias, Parkinson y enfermedad de Alzheimer. Esta se caracteriza por la aparición de placas y ovillos amiloides que impiden la conexión neuronal, sin que hasta el presente se conozca su causa fundamental, aparte del envejecimiento.

El interés por la enfermedad de Alzheimer ha aumentado en las dos últimas décadas entre los sanitarios y en la población general; se sabe que su incidencia aumenta con el envejecimiento y todo el mundo desea envejecer sin enfermedad. Lamentablemente, no se conoce la causa del Alzheimer y su diagnóstico sigue siendo aproximado ya que la única prueba válida es el examen post mórtem de los tejidos del cerebro.

Con la edad, el cerebro pierde peso, se reduce el flujo sanguíneo y el oxígeno correspondiente, la glucosa y, en resumen, el metabolismo de la energía.

Aparte de transmitir las órdenes a través del sistema nervioso, el cerebro se considera la sede de las funciones más genuinamente

---

[2] Hayflick, *¿Cómo y Por qué Envejecemos?* Herder, Barcelona, 1999, pág. 225.

humanas, como la razón, los sentimientos, la memoria y la motivación. Su localización sigue siendo objeto de debate. Actualmente, con la ayuda de mecanismos de exploración electrónicos modernos —tomografía por ordenadores, resonancia magnética y otros—, es posible visualizar el lugar en el que se activan procesos como el pensamiento y las emociones, a los que antes no se tenía acceso.

6. LOS SENTIDOS: LAS ANTENAS DEL ENTORNO

Los cinco sentidos (vista, oído, olfato, gusto y tacto) son los canales o antenas de recepción de las señales del entorno para establecer una relación adecuada con el medio y las personas que lo habitan; al envejecer, los sentidos cambian su capacidad de recepción en dos aspectos:

1. Necesitan un estímulo mayor para recibir la señal ya que el umbral de percepción es más elevado que en la adultez, una manifestación más de la disminución de la funcionalidad.

2. El órgano receptor pierde agudeza para captar el estímulo.

Esta pérdida se puede superar con mecanismos compensatorios de diverso tipo: formación, prótesis, fármacos y adaptación del medio ambiente para que las limitaciones no sean invalidantes y pueda vivirse una jubilación con una adecuada relación con el entorno.

Antes de jubilarse, sería aconsejable realizar en los propios servicios médicos de empresa un examen que identificara la situación física del trabajador y lo orientara sobre la salud en la jubilación. Realizando una prevención muy efectiva, durará de dieciocho a veinte años, esperanza de vida promedio de los jubilados en España.

Este examen debería ser gratuito para el trabajador y obligatorio, como cuando se halla en activo. Los ahorros en el tratamiento de patologías que aparecen en la jubilación serían enormes y se podrían difundir en Programas de Preparación para la Jubilación con educación sanitaria, como sucede en países desarrollados. Los ahorros son tan importantes que las propias aseguradoras privadas de la salud realizan, para los trabajadores con cobertura vitalicia, la formación sanitaria para el jubilado en Estados Unidos, ya que es rentable económicamente formar a los futuros jubilados en hábitos sanitarios positivos y en prevención de la enfermedad.

El coste de la formación se amortiza muchas veces durante la jubilación. Esta perspectiva coste-beneficio, en atención a la enfermedad, se ha demostrado en España a través de los resultados de la investigación *Prevención de la Dependencia-Preparación para la Jubilación*[3], en el que se mostraba un ahorro, en cinco enfermedades asociadas al envejecimiento de más de 129.000 euros por año y por persona.

Vista

---

[3] *Prevención de la Dependencia-Preparación para la Jubilación*, GIE-Grupo Investigación Envejecimiento. Parque Científico. Caja Cataluña. Barcelona, 2007.

Es el mayor aparato de recepción de información y la jubilación constituye una excelente oportunidad para identificar amenazas para la funcionalidad de la vista del jubilado a través de un examen. La limitación visual más frecuente consiste en la catarata o pérdida de visión debido a la opacidad del cristalino; su sustitución es una intervención sencilla realizada en torno a las edades de la jubilación y que mejora notablemente la visión.

El glaucoma debido a la edad también puede intervenirse con éxito si se diagnostica tempranamente. La degeneración macular senil es una enfermedad que reduce la visión central y que requiere intervención pero que se conoce poco. Otras limitaciones del organismo, como la hipertensión, la arterioesclerosis y la diabetes, pueden afectar la visión.

Al envejecer, se pierde precisión en la visión, agudeza para los contrastes, molestias por los reflejos nocturnos y aparece sequedad de los ojos, fácilmente tratable con lágrimas artificiales. A partir de la jubilación, se recomienda un examen anual, que detecta fácilmente enfermedades potenciales.

El obstáculo mayor para el examen ocular es que los ojos, salvo accidentes o enfermedades agudas relacionadas, cumplen su función sin mayores problemas y, cuando se detectan limitaciones, los afectados afirman que habrían podido seguir viendo y que no consideraban necesario un examen. En instituciones, la norma de limpiar las gafas de los residentes origina con frecuencia sorpresas por parte del usuario que afirmaba ver con dificultad y su problema era la falta de higiene básica de las gafas.

Aparte de actuar sobre el jubilado, se debe incidir sobre el entorno y compensar las limitaciones visuales con adaptaciones del medio ambiente tanto en domicilios como en instituciones. La iluminación se ajustará, estableciendo diversos focos, intensidades y matices según su función: general, tránsito, deambulación, contrastes entre diferentes zonas, indicando los cambios de nivel, rampas, escalones con colores, señales de tamaño adecuado y de fácil interpretación. La información debe ser clara y las señales de tamaño suficiente y basadas en la normalización universal.

Oído

El oído es la segunda puerta de entrada de información y el aparato auditivo acusa notablemente los efectos del envejecimiento. A partir de los sesenta y cinco años, aparece la presbiacusia o menor sensibilidad para la audición, en especial de los sonidos agudos, siendo la segunda limitación en importancia después de la artrosis. Se estima en más del 15 por ciento la pérdida de audición después de los sesenta y cinco años y aumenta progresivamente.

El umbral de percepción del sonido oscila desde 18 decibelios para adultos jóvenes y es de 42 decibelios para los mayores de setenta y cinco años. La percepción de la palabra se mantiene estable hasta los sesenta años, pero a los ochenta existe una pérdida de la capacidad de discriminación del habla del 25 por ciento.

Cuando existen varias conversaciones o ruido ambiental, la comprensión desciende a la mitad a partir de los setenta años.

Conclusiones para la calidad de vida del jubilado son incrementar la fuente sonora por encima de los 42 decibelios y, en relaciones de grupo tan frecuentes entre jubilados, acostumbrarse a establecer un turno para hablar, dar la palabra a un interlocutor solamente y evitar el ruido ambiental.

Con frecuencia, al realizar estas recomendaciones, los jubilados responden con una frase insolente: «Para lo que hay que oír no importa ser sordo», reflejo del conflicto entre generaciones por la ignorancia de sus respectivos mensajes.

Aparte de la edad, otra causa de pérdida auditiva es la exposición prolongada en el trabajo a niveles superiores a 85 decibelios. Los otorrinolaringólogos prevén un incremento de las sorderas en los jóvenes actuales, expuestos diariamente y en su ocio semanal, a intensidades muy superiores. Otras causas de sordera son fármacos como los antibióticos y enfermedades infecciosas.

El examen auditivo debe ser anual para controlar la cera acumulada, causa de tapones y fácilmente extraíble.

Cuando las pérdidas de audición son tan importantes que la persona no puede participar en una conversación a solas con otra, se deben adoptar estrategias para mejorar la audición: eliminar ruidos ambientales, solicitar una mayor intensidad sonora, tratar de complementar la audición con la lectura labial compensando los sentidos: lo que uno pierde lo aporta otro. Las personas que nos relacionamos con los que tienen dificultades auditivas somos responsables de no aplicar dichas medidas y tendemos a olvidarnos del que no oye, una marginación frecuente en reuniones.

Para compensar las limitaciones, se utilizan auriculares conectados a la fuente sonora —radio, televisión—, con lo que se suprime el ruido de fondo.

La decisión última es el uso de prótesis auditiva o audífonos. La técnica audiológica ha mejorado mucho, pero la adaptación de una prótesis es tanto un tema fisiológico como psicosocial. Resulta muy frecuente la experiencia de individuos que comienzan a utilizar prótesis, pero las descartan por ineficaces a las pocas semanas. Ello se debe a las dificultades de adaptación individual para utilizar un aparato que complementa un sentido original y que exige la personalización y diseño a la medida. También se debe al coste de la prótesis, que, si es de calidad, no es económica y no está cubierta por la Sanidad pública. Asimismo existe la picaresca de una oferta de prótesis económicas promovidas por agresivos vendedores que responden a la gran demanda de los que desean conservar la audición; estos comerciales visitan residencias, centros de día y hogares sin mayor competencia que un *marketing* agresivo y a precios irreales para que cumplan su función protésica.

La pérdida de audición tiene importantes consecuencias sociales; al reducirse la información recibida, puede tender al aislamiento y a la suspicacia, creyendo la persona, en su forma extrema, que se habla mal de ella, lo que lleva a elaborar una personalidad recelosa y huraña. La literatura y la psicología han identificado de diversas formas la personalidad del anciano sordo, receloso y huraño, que no recibe información, desconfía de sus semejantes y puede finalizar con una personalidad patógena para él y sus semejantes.

Olfato

Otra vía de información del ambiente que está ganando relieve en la calidad de vida de la población, pero especialmente del jubilado por su estabilidad en el espacio, es la de los aromas, los olores, las sensaciones olfativas. La sociedad industrial ha desarrollado olores desagradables en procesos químicos, automoción y servicios masivos con residuos y, asimismo, ha establecido la química de los aromas, que permite reproducir olores naturales e incorporarlos a alimentos, ambientes, productos, etc.

Con la edad, el umbral de percepción del olfato es más elevado, por lo que se han observado pérdidas en variedad de aromas tanto agradables como desagradables o neutros. Existen otras causas para la pérdida del olfato: neurológicas, nutricionales, fallos de los riñones o hígado, infecciosas, endocrinas, genéticas, Alzheimer, tabaco y exposición a fármacos (antibióticos, opiáceos, vasodilatadores, etc.).

La medición de la pérdida del olfato es difícil por la ignorancia general sobre las funciones del olfato en la vida. El olfato es el complemento necesario del gusto: los alimentos se volatilizan y la pituitaria percibe los aromas antes de que la lengua los examine. Lo que no se considera por falta de educación no se valora; solo recientemente con la mejora de la calidad de vida y la apreciación de los sentidos, la población comienza a tener conciencia del olfato.

En las últimas décadas, con la difusión de la cultura del vino y el aprecio de su degustación, el olfato, como etapa inicial de la cata, ha ganado una posición en la mentalidad de los degustadores y se extiende a la población general. En las civilizaciones orientales, los perfumes y aromas han formado parte de la esencia de la vida y novelas como *El Perfume*, de Süskind han contribuido recientemente a difundir la cultura oriental de los aromas. En el Mediterráneo, siempre ha existido una cultura de los olores basada en la abundancia de plantas aromáticas espontáneas o cultivadas. El sexo femenino en Occidente ha desarrollado también una cultura de los perfumes asociada a la moda y sus variaciones continuas por exigencias mercantiles. Recientemente, los varones también se introdujeron en el mundo de los aromas gracias a nuevas definiciones de la masculinidad y a las presiones de la sociedad de consumo.

Los jubilados deben prestar especial atención a cuidar los olores desagradables de su cuerpo debido a causas diversas (incontinencia, úlceras, fluidos orgánicos), agresivos para otras personas, ya que dificultan la relación social e incluso motivan el rechazo. Ello sucede también en instituciones y domicilios cuando no existe una higiene diaria y se acumulan olores diversos.

Es muy importante la prueba de calidad de un alimento a través del olfato, que identifica fácilmente su posible peligro para la salud por los aromas de corrupción de alguno de sus compuestos de corta vida. Los auxiliares de ayuda a domicilio de los mayores que viven solos realizan esta comprobación en sus visitas, olfateando y comprobando visualmente la calidad de los alimentos almacenados en neveras y armarios.

El olfato constituye también un detector de escapes de gas, en el que se introducen olores como medida de seguridad para ser detectados. Si no se percibe el escape por fallos del olfato, se añade un factor de riesgo de intoxicaciones y explosiones de gas para los jubilados que viven solos.

Gusto

Existen cuatro sabores básicos diferenciados: dulce, salado, amargo y ácido, que se combinan de diversas formas en una variedad de posibilidades. El gusto se localiza en la lengua y cavidad oral, en las papilas gustativas, en conexión con las neuronas cerebrales del gusto. Las terminaciones de las papilas envían impulsos a través de boca, faringe y lengua y las sensaciones detectadas se potencian con la saliva de la boca y se interpretan por el cerebro como gusto.

El gusto evoca sabores de la naturaleza, de ambientes sociales o incluso de sentimientos. La literatura romántica ha expresado formas variadas de describir el sentido del gusto, ligadas a situaciones sociales y sentimientos. Se conoce poco su estructura profunda, salvo su conexión con el olfato para completarlo y ampliarlo, como se enseña en la cata de vinos.

Cuando falla el olfato, el gusto se ve muy afectado por lo que es importante cuidar ambos para evitar una doble pérdida. Entre los jubilados, una de las actividades más valoradas es la comida y, por tanto, esta es una razón para mantener el gusto, que proporciona calidad de vida. No es indiferente que una de las formas de cortesía más comunes al presentar a una persona sea responder. «Con mucho gusto».

Con el envejecimiento, se pierden papilas y se requieren mayores cantidades e intensidades de estímulos para mantener la percepción. Los jubilados demandan mayores cantidades de dulce y sal debido al aumento del umbral de percepción, por lo que debe cuidarse la nutrición para evitar excesos de sal en los hipertensos. Existen substitutos de la sal, como las hierbas aromáticas que dan sabor a los alimentos y evitan los riesgos de retención de líquidos.

Otras causas de la pérdida del gusto son nutricionales, endocrinas, neurológicas y farmacológicas y se deben combatir en el aparato o sistema correspondiente para evitar que afecten el gusto de forma definitiva.

El mal sabor de boca es una alteración molesta para el sujeto y sus relaciones y debe identificarse si se debe a una patología oral o de otra índole para poder actuar. Con frecuencia, se trata de un problema de higiene bucofaríngea fácilmente controlable.

Tacto

Consiste en la sensación de presión en la superficie de la piel. Los receptores de la sensación son pequeñas terminaciones nerviosas situadas a diferentes niveles de la piel, cuya combinación frente a un estímulo proporciona la sensación de calor, frío, suavidad, rugosidad, vibración, tensión superficial, flaccidez y muchas otras que no todas las personas perciben.

El sentido del tacto es el menos desarrollado en la población, salvo en algunas profesiones para las que es un requisito: tejidos, cuero, confección y decoración. El tacto educado puede aportar una variedad de sensaciones para la calidad de vida y actualmente se educa a los niños con mayor atención que en el pasado.

Socialmente, el tacto en sus diversas formas y duración comunica mensajes no escritos que revisten gran importancia en acuerdos políticos y contractuales —apretón de manos, abrazo, beso—, pero deben interpretarse culturalmente. Un abrazo de paz en una eucaristía cristiana tiene una forma y significado radicalmente diferente del abrazo de bienvenida en un deporte en equipo antes o después del encuentro.

En el envejecimiento, la piel pierde inevitablemente su flexibilidad y las conexiones nerviosas quedan afectadas con modificaciones en el sentido del tacto. En la asistencia a los ancianos, es efectivo reforzar la comunicación verbal y no verbal con un estímulo táctil, como un roce, un apretón de manos, una palmada cariñosa, con lo que se refuerza el mensaje. Para mejorar dicha asistencia se forma a los profesionales en comunicación no verbal con estímulos diversos, gestos, posturas y contactos diversos táctiles entre el cuidador y el anciano.

La cultura ofrece pautas muy diversas en la comunicación no verbal por el tacto. En el Mediterráneo, el abrazo entre parientes o conocidos es un requisito de bienvenida en el hogar mientras que en Oriente la bienvenida se expresa por flexiones del cuerpo y se rechaza el contacto físico.

IV
SALUD MENTAL

El segundo elemento en la definición de salud de la OMS es la salud mental. ¿En qué consiste?

Se refiere a los factores intangibles no materiales determinantes de la conducta humana: pensamiento, inteligencia, creatividad, motivación. En el pasado se identificaban como alma, espíritu, esencia, principio vital, etc. Actualmente los descubrimientos sobre el cerebro y el sistema nervioso muestran las conexiones entre lo inmaterial del cerebro y el cuerpo y la necesidad de integrar el conjunto para conseguir la salud global: cuerpo, mente, sociedad.

La enfermedad orgánica se vive por el sujeto en el cuerpo, pero afecta también a la mente y a sus relaciones sociales. Somos materia, mente, sentimientos y relaciones sociales. La salud es un resultado armónico, dinámico e integrado del conjunto, y la alteración de un elemento afecta al conjunto.

Examinaremos lo que sucede al envejecer en los factores mentales y, en el próximo capítulo, en los sociales, y sugeriremos estrategias para que el jubilado potencie su salud global.

1. INTELIGENCIA

Es una facultad compleja compuesta de aptitudes variadas, razonamiento, comprensión verbal, facilidad para el cálculo, velocidad de percepción, aptitud para la resolución de problemas y fluidez verbal. Se clasifica en fluida y cristalizada:

a. **Inteligencia fluida**: capacidad de razonamiento instantáneo, aptitud para responder a las demandas de una situación y organizar la información para resolver problemas. Se mide por pruebas de exactitud y velocidad y tiene una base fisiológica y neurológica. Se incrementa durante el desarrollo, como lo hace su base orgánica y aumenta hasta la madurez.

   Con el envejecimiento, la inteligencia fluida disminuye, como sucede con el cerebro, el sistema nervioso central, el riego cerebral, la pérdida neuronal y los sentidos.

b. **Inteligencia cristalizada**: producto de la educación, experiencia, adquisición de conocimientos, cultura vivida. Aumenta con la edad, debido a la acumulación de experiencias, relaciones con el entorno y reflexión personal. Se mantiene en la vejez, siempre que se ejercite, pero se reduce si no se utiliza.

Factores sociales que propician la disminución de la inteligencia al envejecer:

1. La jubilación que suprime el uso diario de la inteligencia en el trabajo.

2. La asignación al jubilado de un rol pasivo con pocas posibilidades de utilizarla.

Para remediar las pérdidas de inteligencia, existen programas para ejercitarla como otras facultades cognitivas, con resultados positivos. Ello confirma la plasticidad del cerebro, que puede responder a retos diversos a cualquier edad.

2. JUBILACIÓN E INTELIGENCIA

La inteligencia puede mantenerse al envejecer, pero requiere un cambio de actitudes sociales negativas, oferta de planes de ejercicio y estímulo y la voluntad del jubilado. Aún hoy prevalece la opinión sobre el papel pasivo del jubilado con poco que ofrecer a la sociedad, lo cual influye en su propia actitud. La reforma de la opinión social sobre el jubilado cambiará a medida que el número de jubilados activos que utilizan su inteligencia en actividades diversas confirme que esta se puede mantener durante muchos años.

Para muchos problemas sociales eternos, relaciones familiares conflictivas, valores trascendentes, sentido último de la vida, solidaridad entre clases, la inteligencia cristalizada del jubilado puede ofrecer conclusiones de su experiencia útiles para los jóvenes. Para ello, se necesita un diálogo entre generaciones sin condicionamientos ideológicos ni políticos y abierto a reconocer la similar esencia de los problemas humanos a todas edades y tiempos.

El diálogo intergeneracional en sociedades integradas ha sido constante en todo tipo de organizaciones —políticas, comunitarias, deportivas, internacionales y Administraciones Públicas— para relacionar a las diferentes generaciones en objetivos comunes y conseguir una sociedad integrada sin barreras de edad.

Una sociedad integrada debe reunir valores y prácticas generales de los diferentes grupos etarios y evitar cualquier tipo de marginación por edad. Sin embargo, muchas organizaciones, (deportivas, religiosas, del ocio) para cumplir más eficazmente sus objetivos, se dividen por edades. La especialización por edades llevada a extremos origina la falta de conocimiento entre generaciones y el peligro del conflicto generacional si no existen elementos comunes.

En el año 1992, la Comunidad Económica Europea, a través de su secretario, Jacques Delors, convocó al Año Europeo de las Relaciones Intergeneracionales para recopilar las iniciativas de esta naturaleza en los países miembros. España tuvo una representación excelente y aportó ejemplos de relaciones en todos los ámbitos y geografía nacional. El año contó con diversidad de actividades científicas y populares y finalizó en Bruselas con la entrega de conclusiones que ratificaban las ventajas de las relaciones entre grupos de edad diversos para cumplir objetivos sociales comunes.

3. SABIDURÍA

Se ha identificado, desde hace más de cuatro mil años, en personas respetadas por pueblos en todo el mundo; sabios eran quienes poseían respuestas a preguntas esenciales de la vida como: «¿Qué significa vivir y para qué se vive?», y también a preguntas sobre la gestión de los asuntos cotidianos.

Estos dos elementos de la sabiduría son:

1. El filosófico, que contiene también elementos éticos y proporciona respuestas a los grandes interrogantes: el significado de la vida, su destino, la trascendencia, etc.

2. El práctico, que gestiona la compleja vida diaria y toma decisiones con éxito.

Los sabios en la antigüedad eran los consultores de políticos y de individuos que buscaban respuestas a situaciones complejas en personas experimentadas; su reputación se extendía, se buscaba su consejo y eran respetados. La sabiduría se respetaba y valoraba.

Los jóvenes reverenciaban la edad avanzada en las sociedades agrícolas tradicionales, donde el sabio tenía la experiencia de muchas cosechas, de las que extraía su sabiduría práctica. Los jóvenes carecían de ella. La sociedad romana reunía en el Senado a los varones ancianos para el mejor gobierno de los ciudadanos. En las iglesias y los ejércitos, siempre se reconoció el valor de la experiencia. En los gobiernos del siglo XX, aún existían los comités de sabios para asesorar a los políticos en sus decisiones.

En la actualidad, se parte con frecuencia del principio erróneo de que los problemas contemporáneos son solo tecnológicos y tan nuevos y complejos que la experiencia de las personas mayores no sirve para resolverlos.

La ciencia y la política moderna olvidaron a la sabiduría como concepto útil para la sociedad debido al fomento del individualismo y a la aplicación del método científico a todos los temas. Ha sido necesario comprobar que hoy la ciencia no ha resuelto, solo con su método, los problemas humanos fundamentales. Surge, a partir de la segunda mitad del siglo XX, la necesidad de buscar otras vías para resolver los complejos temas contemporáneos y aparece la sabiduría como una alternativa. Frente a la rigurosidad y objetividad de la ciencia se busca una oportunidad en la visión individual de sujetos con facultades especiales.

Las personas sabias poseen una calidad moral superior, un sentido de la trascendencia y, sobre todo, humildad por su conocimiento limitado. Como ya dijo Sócrates, sabio modelo de la antigüedad griega cuando elogiaban su sabiduría: «Solo sé que no sé nada».

Los elementos que constituyen la sabiduría son una larga experiencia aprovechada y capacidad de razonamiento y de selección de alternativas. La educación formal ayuda, pero pueden existir también sabios analfabetos.

Los sabios motivan respeto social y confianza en su juicio y por ello se espera su consejo. Son maestros para quienes buscan sus opiniones, pero la sociedad actual respeta poco a los maestros; los ciudadanos hoy se enorgullecen de poseer acceso al mayor archivo de conocimientos de la historia humana disponible en segundos en la pantalla de un ordenador. Como es obvio, la cantidad de información no supone la capacidad de manejarla para extraer conclusiones inteligentes sin cierta experiencia contrastada y la capacidad de acceder a tal archivo no se acompaña con frecuencia con la capacidad para manejarlo con inteligencia.

¿A qué edad comienza la sabiduría? Hay consenso sobre la necesidad de que exista experiencia bien aprovechada, por ello se sitúa a partir de los cincuenta y cinco años y en ascenso con el envejecimiento, un factor positivo para enfrentarse a elementos negativos. Sin embargo, la edad no proporciona automáticamente sabiduría y no todas las personas mayores son sabias, pero todos los sabios son mayores.

Los componentes de la sabiduría son variados: razonamiento, capacidad de juicio, perspicacia, habilidades para la comunicación y relación social, discreción no enjuiciadora, personalidad integrada frente a las limitaciones de la edad y de la muerte, sentido humanitario, solidez ética con capacidad de discernir entre el bien y el mal. Todo un catálogo de factores necesarios para la vida en cualquier sociedad.

¿Puede enseñarse la sabiduría? De todos los elementos de la personalidad sabia, el más importante es la experiencia interpretada por el sujeto y esta reflexión no puede enseñarse formalmente sino que la elabora, analiza y estructura cada persona a lo largo de la vida.

4. JUBILACIÓN Y SABIDURÍA

El jubilado tiene experiencia, uno de los requisitos de la sabiduría. Debemos diferenciar entre experiencia útil y no útil. En conocimientos científicos y tecnológicos, el jubilado será menos competente, ya que en general tendrá menos conocimientos que el joven. Sin embargo, en saber humanístico, social y ético, el jubilado tiene la ventaja de haber vivido muchos años e interiorizado respuestas a numerosos problemas vitales: significado de la vida, recta conciencia del bien y del mal y decisiones consiguientes. La relación constructiva y respetuosa entre jóvenes informados tecnológicamente y jubilados sabios con experiencia, puede ser una de las claves para la solución de problemas contemporáneos; los jóvenes aportan la novedad de la ciencia y los jubilados, las respuestas a los interrogantes vitales.

Las relaciones intergeneracionales constructivas han existido siempre en la historia, lo peculiar de las contemporáneas es el gran ámbito de conocimientos entre jóvenes y mayores que, para ser constructivas, deben basarse en el deseo de aprender mutuo y la humildad de ambas partes.

5. MEMORIA

Es una facultad indispensable en todos los procesos cognitivos y, en especial, en el aprendizaje ya que sin memoria no existe lo aprendido.

El proceso de la memoria tiene tres etapas:

1. **Registro** o recepción de la información a través de los sentidos de la vista y del oído.

2. **Retención** o almacenamiento de la información.

3. **Recuperación** o recuerdo de lo almacenado.

Con el envejecimiento, se reduce la memoria debido a diversos factores: bajo nivel intelectual, pérdidas del sistema nervioso, de neuronas y cambios neuroquímicos, limitaciones de la vista y el oído, enfermedades diversas, depresión y causas sociales. Se confirma el fenómeno de «la profecía que se autocumple», lo que se cree que va a suceder —la pérdida de memoria— sucede efectivamente con la colaboración del protagonista. La multitud de causas y la variedad de personas y experiencias vitales requiere un análisis individualizado de las pérdidas en cada sujeto y de su potencial para mantener y recuperar la memoria. Existen múltiples técnicas para mantenerla al envejecer: individuales, en pareja, colectivas, talleres, grupos de trabajo, etc. Como en las facultades físicas, si la memoria no se utiliza, se pierde inevitablemente.

Por su naturaleza, existen dos tipos de memoria:

1. **Primaria** o a corto plazo, en la que se almacenan los hechos corrientes diarios, con poca fijación. Se olvida fácilmente lo almacenado.

2. **Secundaria** a largo plazo o episódica, de contenidos únicos para la vida de la persona (matrimonio, graduación, primer trabajo, jubilación), fijados por su importancia y recordados durante toda la vida.

La memoria a corto plazo se pierde con la edad, pero la episódica o a largo plazo se mantiene.

6. JUBILACIÓN Y MEMORIA

Las pérdidas de memoria son un tema habitual entre personas mayores, familiares y profesionales, lo que ha llevado a la intervención para aminorar sus efectos. Para mantener la memoria, se utilizan diversas técnicas: fortalecimiento de los sentidos— vista, oído y sus canales de recepción—, repetición, reducción de interferencias, contextualización o facilitar un marco relevante para recordar, dar sentido a la información, utilizar mediadores o imágenes que proporcionen significado a la palabra o hecho por recordar.

Las actividades de la vida diaria del jubilado deben organizarse con una pauta fija que no requiera gran esfuerzo intelectual, sino enlazarse regularmente. Se pueden establecer las instrucciones por escrito o en audio, recordando la complementariedad de los sentidos que refuerzan el mensaje. Agendas, recordatorios de procedimientos, mensajes escritos para prevenir riesgos y accidentes evitables colocados en lugares clave (cocina y baño), grabaciones, entre otros, son todos ellos instrumentos para paliar las pérdidas de la memoria.

Lo más práctico para las actividades de la vida diaria que deben realizarse autónomamente consiste en establecer una rutina diaria lógica encadenada de medios e instrumentos; levantarse con el menor esfuerzo, deambulación segura, itinerario fijo para aseo, vestido, alimentación, inicio de actividades, etc. La terapia ocupacional es la profesión competente para establecer la rutina diaria de las actividades de la vida diaria, pero cualquier persona o pareja puede seleccionar lo más adecuado a la competencia funcional individual.

En cualquier caso, la previsión de las operaciones, preparación de vestuario, eliminación de obstáculos facilita las actividades de la vida diaria por el sujeto, primer nivel de la calidad de vida de cualquier persona.

7. HISTORIA DE VIDA

Un instrumento elaborado para potenciar la memoria y mejorar la calidad de vida del jubilado es la historia de vida individual. Consta de tres etapas:

1. **Recopilación** de datos documentales, testimonios gráficos, noticias, álbumes familiares, entrevistas con el jubilado, familiares y amigos contemporáneos y de su generación. La recopilación es un instrumento para la acumulación de datos diversos que compondrán la base sobre la que estructurar la historia individual. Toda persona que haya vivido más de cincuenta años constituye un banco de datos enorme para seleccionar los puntos estratégicos y articular la historia. No existe ninguna vida tan gris como para que su protagonista no pueda recordar hechos sorprendentes, datos curiosos o, por lo menos, en contraste con la realidad actual. Orígenes familiares, migraciones, genealogía, historia general o familiar, historia

general o de la comunidad, guerras, moda, trabajo, oficios, cultura, espectáculos, artistas, política, diversiones, moral, religión, etc.

2. **Redacción**. Recopilado el material de base, se pasa con un esquema temático a la redacción del documento de la historia de vida. Puede ser descriptiva, cronológica o episódica, según las características e hitos vitales del sujeto. Existen unos hechos fundamentales que dan coherencia a la historia: origen familiar, geográfico y cultural, etapas educativas, trabajos, matrimonio, y descendencia, en relación con los temas básicos.

   La redacción debe tener unos criterios claros de selección y destacar los hitos fundamentales en la vida, etapas diversas, cambios de estado civil, trabajo, estatus económico y social. Dichos hitos dividirán las partes o etapas fundamentales de la historia o índice de materias. La redacción no requiere mucha elaboración por el recopilador pero sí frases cortas y descriptivas de los documentos gráficos y noticias, identificados con sus fechas.

   La historia de vida se encuaderna en un álbum, libro o archivo con tapas duras o se graba en soportes informáticos, que pueden visionarse en cualquier momento: memorias para ordenador, monitores de base sencilla y peso reducido, con mandos simples para operarlos a solas.

3. **Revisión** de la historia individualmente o con miembros de la familia y amigos, ejercicio que sitúa al anciano en su realidad histórica y le permite revisar los aspectos positivos de su vida para mejorar su situación presente.

   Cualquier vida a partir de la quinta década tiene suficientes elementos para construir una historia atractiva para el sujeto, personas de su familia y otras generaciones, aunque solo sea por los contrastes y diferencias en moda, urbanismo, actividades, oficios, vehículos, etc.

La historia de vida tiene una función lúdica y de distracción, pero básicamente contribuye a situar la propia vida en su desarrollo hasta llegar al presente, destacando los valores positivos, reflexionando sobre lo vivido y ejercitando la memoria.

8. APRENDIZAJE Y EDUCACIÓN

Existía el viejo prejuicio de que el aprendizaje era propio de las edades jóvenes y de que la educación finalizaba con la escolarización obligatoria en plena adolescencia. Hoy este prejuicio, afortunadamente, se ha superado y se reconocen los beneficios de aprender a cualquier edad. El trabajo industrial y el desarrollo científico exigen la formación continuada debido al cambio técnico y social constante reflejado en las carreras profesionales.

El aprendizaje guarda una relación directa con la memoria, son potenciales complementarios; si lo aprendido no puede recordarse, no existe para el sujeto, es inaplicable. El aprendizaje del jubilado no se orienta al trabajo, sino hacia un nuevo periodo vital y a la mejora de su calidad de vida.

La persona mayor aprende más lentamente que el adulto y requiere los factores mencionados en la memoria, condiciones ambientales favorables, salud, estímulos adecuados, apoyo social, oportunidad de practicar lo aprendido y motivación.

La lentitud no supone imposibilidad, sino solamente más tiempo y estrategias de aprendizaje nuevas para fijar los conocimientos y recordarlos en el futuro.

9. JUBILACIÓN Y EDUCACIÓN

La educación del jubilado puede ser general y entonces es desarrollo personal, proporciona más información sobre el mundo y el lugar que ocupa la persona y equipa mejor para vivir. Es una mejora que perfecciona, relevante como desarrollo de la persona y como aprendizaje de aptitudes para una etapa vital nueva que comienza sin muchas referencias. El desarrollo educacional de los mayores es muy amplio: alfabetización de adultos mayores, aulas de aprendizaje de habilidades manuales, talleres artesanales y de pintura, cursos de cultura general y humanidades, universidades de mayores, de la tercera edad y de la experiencia.

El aprendizaje para la nueva etapa de la jubilación es un aprendizaje instrumental en un ambiente y condiciones únicas no experimentadas en la vida anterior, los de la jubilación. El jubilado interesado puede aprender sobre la salud y las características del cuerpo y la mente que envejecen, sobre la prevención de la enfermedad, los recursos existentes, las oportunidades económicas en su situación y la multitud de escenarios nuevos que la vida de jubilado le ofrece.

La motivación es un elemento estratégico en el aprendizaje de la persona mayor y supera muchos prejuicios. Un ejemplo claro es el aprendizaje de las lenguas; tradicionalmente se aceptaba que se aprendían mejor en la infancia, pero ello no impide que jubilados motivados adquieran una lengua que esperan utilizar a corto plazo. El ejemplo surgió en un programa transfronterizo entre Francia y España, en el que miembros de dos centros de jubilados de cada nación consiguieron cierto dominio de la lengua ajena para relacionarse a fin de curso con personas del sexo contrario. En este caso, la motivación para establecer relaciones sociales nuevas fue determinante para el aprendizaje de la lengua.

10. CREATIVIDAD

Es la capacidad de tener ideas originales que abren posibilidades y proporcionan elementos nuevos útiles. En una sociedad donde las actividades están reguladas por organizaciones complejas y repetitivas, la creatividad se valora pues aporta novedad para la mejora del trabajo.

Una forma de creatividad es la innovación, valorada en cualquier ámbito, sea en la investigación, en la industria en las artes o en los servicios. La innovación se valora por las sociedades más desarrolladas como un instrumento para el progreso, se fomentan las inversiones en innovación y las administraciones públicas promueven el gasto en innovación para así conseguir el desarrollo económico y social.

En gerontología, se requiere mucha creatividad, ya que nunca se había planteado el envejecimiento con las características actuales. Hoy se están utilizando modelos anticuados, basados en la asistencia sanitaria y los servicios sociales del pasado y se requiere creatividad para establecer modelos contemporáneos económicos y sociales que respondan al aumento exponencial de las poblaciones mayores y a su demanda de envejecer con calidad.

En relación con la creatividad, se han analizado sus características para tratar de enseñarla. Los programas han conseguido solo aproximaciones al fenómeno y parece que el creador nace y lo que puede enseñarse son solo características de su forma de pensar, relacionar hechos existentes y establecer nuevas conexiones. La personalidad creativa tiene que ver con el pensamiento divergente, con explorar nuevos aspectos de los fenómenos al margen de los procedimientos establecidos.

La persona creadora tiene mayor inteligencia, constancia, motivación elevada, capacidad de formularse preguntas a las que busca respuesta y un ambiente familiar propicio. Sus aportaciones requieren un ambiente social que las reconozca, promueva y estimule.

Se ha estudiado la creatividad en los científicos a través del número de sus aportaciones y aparece una realidad general: la creatividad es asunto de jóvenes o adultos en sus primeras etapas, aunque con diferencias sustanciales según la materia. En ciencias naturales, es a los treinta años cuando existe mayor capacidad creativa medida por el número de publicaciones, aunque la cantidad debería matizarse con su calidad. El declive se inicia a los cuarenta años, aunque existen premios Nobel entre los cuarenta y setenta años.

En ciencias humanas y sociales, las edades de la creatividad son más avanzadas, la interpretación de la realidad a través de la experiencia es fundamental para la aportación creativa, pero existen diferencias según la materia. En poesía, se consideran los treinta años como la edad más innovadora, mientras que en la novela son los cuarenta y, en ensayo, los cincuenta.

Estos análisis generales deben complementarse con la realidad de que en todas las actividades humanas existen personas creativas de hasta ochenta y noventa años o más.

11. JUBILACIÓN Y CREATIVIDAD

No es una contradicción en la afirmación de que la creatividad es propia de jóvenes. Existe una posible creatividad o innovación de la experiencia personal en la jubilación al iniciar actividades no experimentadas antes: lenguas, artes plásticas, escritura creativa, manualidades, música, bailes nuevos, espiritualidad; actividades sin relación con su trabajo anterior pero que atraen su interés. Suponen un desarrollo de la personalidad creativa que no ha podido aflorar durante la vida activa pero con el valor del descubrimiento, autorrealización y contacto social. Sus consecuencias son básicamente personales, pero los productos de esta actividad tienen consecuencias sociales diversas.

En los centros de mayores, los monitores fomentan la creatividad y la experimentación sin condicionamientos a la experiencia anterior y, con frecuencia, surgen vocaciones tardías en actividades con una mejora sustancial de la calidad de vida. Como en el caso de los adultos, la valoración positiva de los productos de la creatividad y el apoyo social son un elemento fundamental para el desarrollo personal. A ello contribuyen los talleres de actividades dirigidos, las exposiciones y la venta de los productos en las comunidades en que se vive, el intercambio entre centros y comunidades de jubilados.

12. PERSONALIDAD

Se define como forma de ser, características individuales de la persona, carácter e imagen que se transmite a los demás. La personalidad se fundamenta en dos factores: la herencia de los padres por los genes recibidos y la experiencia a lo largo de la vida, que origina un comportamiento específico. Ambos elementos se integran en un conjunto denominado *personalidad*, forma de ser que se presenta a los demás como un conjunto.

Los dos elementos plantean la pregunta clásica: «¿Qué es más importante, lo que se recibe originariamente con los genes o lo que se elabora a lo largo de la vida con la experiencia?». La herencia es importante como marco original, pero en él se inscribirá la experiencia y las reacciones individuales que, por su intensidad y singularidad, son más importantes que lo que se recibe de los genes. Cada individuo establece su forma de ser original y, por ello, hasta los hermanos gemelos del mismo cigoto tienen personalidades variadas, aunque compartan ciertos elementos.

Una característica fundamental de la personalidad es su enorme diversidad, como lo son las experiencias que la forman y configuran la variabilidad individual, esa gran riqueza humana. En una sociedad masificada que homogeneiza y trata de igualar en el trabajo, la diversión y la cultura, la variabilidad de la personalidad humana exige un espacio para la libertad de ser diferentes.

Al envejecer, la personalidad básica cambia poco, ya que es la sede de la identidad individual y, al final del camino, no es lógico ni saludable realizar cambios. La personalidad es la forma de ser y representarse frente a los demás, se ha dicho que es un áncora de referencia de lo que somos y, en tiempos de cambio como el envejecimiento, no conviene variar aquello que proporciona estabilidad. El refrán popular que dice: «Genio y figura hasta la sepultura» reconoce la estabilidad de la personalidad al envejecer, y las investigaciones contemporáneas lo confirman.

Cambios vitales muy importantes, pérdidas de seres queridos, migraciones impuestas, pérdidas de situación social pueden alterar la estabilidad general de la personalidad. En edades muy avanzadas, después de los noventa años, los cambios son respuestas a las limitaciones, estrategias de adaptación. Con frecuencia, aparece una introspección o interiorización de la persona, dadas las limitaciones de relación con el exterior.

Envejecer supone pérdidas físicas, psíquicas y sociales; es lógico que aparezcan rasgos negativos por falta de adaptación y se piense en las aptitudes anteriores de la madurez. Si el sujeto no se adapta a la nueva situación y recuerda frustrado, la personalidad se torna negativa. Estas personalidades negativas han dado origen a estereotipos populares para representar al anciano como «viejo cascarrabias», «abuelo irritable», «vieja protestona». La personalidad positiva del que envejece se llama *madura* y se caracteriza por una integración consigo mismo y con los demás, una filosofía de la vida unificadora que pone en perspectiva con el momento actual. Muestra una seguridad emotiva y valores estables que proporcionan seguridad a pesar de los cambios. Estas personalidades positivas también tienen su versión con expresiones populares sobre viejos positivos, como «anciano encantador», «abuela acogedora», «abuelo sabio».

Las diferencias entre sexos al envejecer corresponden a cambios fisiológicos y sociales. Se ha afirmado que la mujer se masculiniza y el hombre se feminiza. Lo anterior es una generalización incierta, la pérdida de la capacidad de reproducción en la mujer, cuando la maternidad se consideraba su función social primaria, origina esta reacción. Actualmente, con la multitud de funciones que desempeñan las mujeres, su feminidad no se limita a la reproducción. Lo cierto es que la mujer, coincida o no con la jubilación del marido, al envejecer asume un papel más global en el hogar y en la vida, ante un hombre que pierde fuerza física y estatus social al jubilarse y que, normalmente, tiene más años que ella. Las limitaciones del varón se compensan frecuentemente con la mayor fuerza, salud y actividad de la esposa. Los matrimonios maduros y positivos adaptan su estilo de vida a dichos cambios con una nueva distribución de sus roles en la familia.

En lo sentimental, la realidad es compleja pues la mujer tiene mayores demandas de los hijos y, sobre todo de los nietos, que comienzan a vivir y se benefician del cariño y atención de las abuelas. Los afectos de una persona, sea abuela, madre o esposa, no se pueden acotar, pero lo limitado en la sociedad contemporánea es el tiempo para dispensarlos y la prioridad del cuidado recaerá lógicamente en los miembros más débiles.

13. JUBILACIÓN Y PERSONALIDAD

La personalidad no cambia al jubilarse, pero debe adaptarse a la nueva circunstancia de ausencia del trabajo. Sea con trabajo fuera del hogar o no, la mujer nunca se jubila y su personalidad permanece más estable que la del varón, ya que sigue teniendo importantes funciones en la familia.

Los individuos con personalidades flexibles y que han experimentado cambios de trabajo, de residencia, de amistades están mejor equipados para enfrentarse a los cambios de la jubilación.

Los estudios recientes identifican a los jubilados felices con su nuevo estado como jubilados con éxito, con calidad de vida, activos. Su característica general es un enfoque positivo del nuevo estado que aproveche las oportunidades que ofrece. Este enfoque positivo se ha tratado de transferir y enseñar a los nuevos jubilados para mejora propia y social a través de los Programas de Preparación para la Jubilación (PPJ).

14. BELLEZA Y ENVEJECIMIENTO

La opinión pública tradicional excluía la posibilidad de que existiera belleza en la vejez. Lo bello era y sigue siendo lo joven —tersura de la piel, músculos tensos, ausencia de arrugas, etc.—, aunque los valores no han sido uniformes en la historia y han evolucionado con el cambio de los valores estéticos. Por ejemplo, en el

Clasicismo y el Renacimiento el color de la piel debía ser blanco, a semejanza de las estatuas de mármol de salones y museos de las ciudades; se consideraba el color tostado reflejo de una exposición al sol, propia de campesinos que debían trabajar al aire libre y vivir en el campo, donde ni los valores estéticos ni los derechos humanos existían o eran primitivos como la forma de vida; el único valor fundamental era sobrevivir cada familia con alimentos suficientes, lo cual no estaba en absoluto asegurado hasta el triunfo de las revoluciones políticas.

La estética occidental ha asignado tradicionalmente los valores estéticos más elevados a la juventud y así ha sido durante milenios en las representaciones artísticas como la pintura, la escultura y el grabado. Solo en las humanidades (filosofía, literatura, antropología) se encontraban valores positivos en la experiencia de las personas mayores.

Sin embargo, con las revoluciones políticas de los siglos XIX y XX, la liberación política, económica y sexual de la mujer en el siglo XX y el reconocimiento de la igualdad de derechos para ambos sexos, comienza a extenderse la noción de que la belleza no es solo patrimonio de los jóvenes. Se puede ser atractivo a todas las edades con otros parámetros que la potencia sexual, la tersura de la piel, la tensión de los músculos o la fuerza característicos de la juventud.

El propio concepto de «la belleza en la vejez» ha comenzado a extenderse en los medios de comunicación y aparece la noción de que tener años no significa fealdad o falta de atractivo. Sea porque el mercado sénior crece o también porque las personas mayores han afirmado su derecho a una buena imagen, surgen en la publicidad y en la vida modelos de personas mayores atractivas.

Resulta frecuente que los medios de comunicación utilicen, para la promoción de productos o servicios, campañas dirigidas a la población sénior, denominado mercado gris o de la tercera edad. Es el único que crece y dispone de cierta estabilidad de ingresos a través de las pensiones y, por tanto, resulta un objetivo claro para los técnicos de mercado.

Debido a ello, comienzan a aparecer modelos de varones y mujeres que encarnan a la vejez bella con calidad de vida. Actores, cantantes, escritores mayores ofrecen sus imágenes en los medios de comunicación para promocionar sus productos culturales pero también artículos de consumo y servicios variados. Ejemplos de modelos sénior atractivos son Catherine Deneuve, Jane Fonda, Paul Newman, Sean Conery, entre otros.

15. JUBILACIÓN Y SEXUALIDAD

La sexualidad humana se basa, como en los animales, en la diferenciación de funciones del macho y de la hembra y en su atracción para mantener la especie a través de la reproducción. Sin embargo, la sexualidad humana tiene elementos específicos como la personalidad, los sentimientos, la razón, la motivación, la religión y la cultura, que la hacen compleja y variada.

En la sociedad occidental, la gran innovación en el siglo XX ha sido el control de la fertilidad de la mujer y, por tanto, de su vida sexual. Antes, con la menopausia y la pérdida de la capacidad de procrear, la importancia de la mujer al envejecer se reducía, se consideraba que perdía su feminidad y pasaba al rol de abuela sin atractivo sexual y con funciones de cuidado de los nietos.

Las diferencias en la sexualidad entre varones y mujeres mayores responden a su diferente naturaleza biológica. Las mujeres tienen mayor necesidad de lubricación por la sequedad vaginal, mayor excitación para alcanzar el orgasmo. El varón necesita más tiempo para la excitación, los orgasmos son más lentos así como la recuperación, pero, si se mantienen las relaciones, estas pueden durar muchos años, aunque sus manifestaciones varíen como lo hace la edad y las condiciones globales de los actores.

La conclusión es que cada pareja debe elaborar su propia sexualidad según su experiencia y que la sexualidad es mucho más amplia y compleja que la genitalidad y la procreación. Debe recordarse que, aparte de la satisfacción fisiológica, el acto sexual es la cumbre de la entrega de la relación entre ambos sexos y la culminación del amor pleno, como reconocen la literatura, la pintura y la escultura eróticas de todas las épocas y culturas, desde el Cantar de los Cantares cristiano al Kamasutra hindú.

Con la liberación económica de la mujer que no tiene que depender del salario del marido, la mujer es independiente y desempeña un papel económico, sexual y social radicalmente diferente del que tenía.

La sexualidad se desarrolla en la adolescencia, se establece en la juventud, se consolida en la madurez y se mantiene en la vejez, aunque con reducción de la fuerza y vigor, como sucede en el resto de las funciones fisiológicas. La gran innovación de la gerontología es demostrar que la sexualidad en la pareja proporciona calidad de vida al envejecer y se puede mantener durante toda la vida, aunque sus expresiones varíen, como es normal en otras funciones.

Manifestaciones importantes que la sociedad materialista contemporánea con frecuencia olvida son las basadas en los sentidos del tacto, del olfato y del oído, en las emociones, en los sentimientos, en experiencias comunes, en la revisión de proyectos compartidos, en la solidaridad e intercambios fisiopsicológicos que nadie puede reproducir pues resultan únicos y originales para cada pareja que quiera construirlas. La realidad es que las uniones entre sexos se planean con frecuencia carentes de valores sólidos que permitan a la pareja superar los azares de una existencia compartida y para siempre, con lo que aparece fácilmente la ruptura frente a cualquier amenaza de lo esperado por alguno de los miembros de la pareja.

En la práctica, muchas mujeres han descubierto, después de la menopausia, en las relaciones sexuales sin embarazo, una realidad nueva para la pareja, que proporciona calidad de vida no esperada ni prevista. Sin embargo, existen muchos factores que interfieren con una sexualidad sana al envejecer: el trabajo, la jubilación, la enfermedad, la fatiga, las responsabilidades familiares. Como en otras funciones humanas, nutrición, ejercicio físico, existe una sexualidad que proporciona salud y calidad de vida a cualquier edad, pero ello debe ser el resultado de una búsqueda y exploración conjunta de la pareja y no existen modelos predeterminados. Existen aún muchas barreras sociales para la libre expresión de la sexualidad, en especial en las instituciones residenciales, donde no se aceptan siempre las relaciones entre personas que no sean pareja estable.

16. HOMOSEXUALIDAD Y VEJEZ

La homosexualidad al envejecer es una realidad nueva que la gerontología comienza a examinar dada la nueva legalidad y las demandas del colectivo afectado. Se plantean situaciones nuevas para las que no existen precedentes, ya que la atracción por el mismo sexo ha sido un tabú general en la historia de la que solo se apartaban grupos muy cerrados y controlados. Esta nueva realidad se comienza a asumir por la sociedad de formas diversas. Para ideologías tradicionales, como el ejército o las religiones cristianas, ha supuesto un reto no previsto y ha exigido reacciones claras, como ha sucedido con los casos de pedofilia en la Iglesia Católica, que ha tenido que admitir la realidad, compensar a las víctimas y prevenir futuras conductas.

A la homosexualidad tradicional de base genética, se le han añadido las homosexualidades «políticas o interesadas», que se manifiestan por un interés promocional o económico y que se pueden identificar como estratégicamente adecuadas, una falsedad en su origen y motivación. La respuesta legal ha sido dispersa, desde el reconocimiento en España como matrimonio el originado entre personas del mismo sexo hasta la no regulación y mera tolerancia como en Francia.

Nota fundamental es la diferente extensión e impacto de la homosexualidad según el sexo. Entre hombres tiene mayor aceptación por su extensión y tradición, mientras que el lesbianismo resulta menos frecuente y aceptable.

Lo más importante en la regulación de la homosexualidad, además de las cuestiones patrimoniales en la pareja, es la regulación de la filiación. En la homosexualidad, se han mezclado temas que deberían haberse tratado independientemente. Por una parte, las relaciones jurídicas, materiales, económicas y sentimentales entre parejas del mismo sexo para evitar discriminaciones por razón de su orientación sexual y, por otra, la posibilidad de filiación y paternidad.

Un aspecto interesante del presente y futuro envejecimiento en todas las sociedades es el desequilibrio demográfico entre sexos, dada la mayor supervivencia femenina. Existen muchas más viudas que viudos y la tendencia se acentúa con los años. ¿Cómo debe ser la vida del grupo de mujeres mayores para mantener la máxima calidad de vida posible, teniendo en cuenta que viven más años enfermas y solas que los hombres?

Una respuesta que comienza es la de la convivencia entre mujeres, viudas o solteras, que desean compartir sentimentalmente su existencia e intereses; resulta imposible hacerlo con hombres por su escaso número, por lo que otra mujer puede ser una alternativa razonable para reducir gastos y expresión de los sentimientos, lo cual puede originar una convivencia práctica o también una homosexualidad femenina al final de la vida. La tendencia ha comenzado y surgen los equipamientos en los que varias viudas comparten su vida, dividen gastos y mejoran su calidad de vida, según se ha indicado en el capítulo Ecología.

17. JUBILACIÓN Y PAREJA

La jubilación ha sido hasta hace pocos años un tema masculino y, aunque la mujer hubiera trabajado fuera del hogar, su jubilación era anterior a la de su pareja y con menos consecuencias que para el varón. La mujer nunca se jubilaba totalmente, ya que al dejar un trabajo externo mantenía el del hogar. El varón, sin embargo, experimenta con la jubilación una pérdida de su identidad principal. Las reacciones frente a la jubilación son, en muchos casos, negativas, como se ha identificado en el síndrome de jubilación y las consecuencias físicas, psíquicas y sociales que conlleva. Estas afectan a todas sus funciones, tanto familiares como sociales, y entre ellas se anota también la reducción de relaciones sexuales debido a la crisis de identidad masculina e ignorancia femenina de las pérdidas en la jubilación para el varón.

La jubilación en pareja puede afectar a la convivencia, si no se plantea como interés común ya que la jubilación modifica los ingresos económicos, la pensión siempre es menor que el último salario; altera el uso del espacio en la vivienda y la disponibilidad de tiempo de la pareja que lleva a un replanteamiento global de la vida en pareja.

Con frecuencia no se planifica y se originan conflictos en la pareja, con los hijos y demás relaciones. El abandono del trabajo y la liberación del tiempo que se le dedicaba exigen un planteamiento global de la vida en pareja. Cuando no se realiza, existe un gran riesgo de conflicto, ruptura de la convivencia y pérdidas de todo tipo: económicas, sentimentales y sociales.

La medida más elemental para mantener la calidad de vida al envejecer consiste en este plan de vida conjunta, que va a ser diferente pues ha cambiado un elemento fundamental en la sociedad contemporánea: el trabajo de uno o de los dos miembros de la pareja, y la vida, para tener calidad, debe tenerlo en cuenta y adaptarse. Con frecuencia, se menciona que el cambio ha sucedido, pero que ha supuesto una sorpresa o suceso insólito para ciudadanos extrainformados y cultos de principios del siglo XXI.

V
SALUD SOCIAL AMOR

El tercer elemento de la salud según la OMS es lo social, pero ¿qué es la salud social?

En la salud física, la referencia era el cuerpo u organismo con límites definidos; en la salud mental, los límites eran más imprecisos, pero se referían a la mente, al psiquismo, a la personalidad; en la salud social aún lo son más pues se trata de una realidad definida de diversas formas por los demás: sociabilidad, relaciones sociales, etc. La falta de precisión no supone olvidar la importancia de lo social para la calidad de vida.

Nacemos en sociedad, vivimos con relaciones sociales permanentes y nuestra vida en positivo o negativo se desarrolla en una sociedad que nos rodea. Nuestra personalidad es individual, pero se configura a través de las relaciones con los demás. La sociedad está presente desde el nacimiento hasta la muerte.

1. FAMILIA

El marco básico de los contactos sociales, por número e importancia, es la microsociedad de la familia. En ella se da la cooperación espontánea para la supervivencia y la satisfacción de la mayor parte de necesidades; a pesar de las crisis y roturas familiares, no existe otro grupo social que influya más en el desarrollo de la sociabilidad y en su práctica. Las relaciones sociales en la familia desde el nacimiento son el marco más importante de la sociabilidad humana. El individuo las elaborará como persona y, gracias a ellas o contra ellas, desarrollará su propia personalidad social.

Sociabilidad

La sociabilidad es la capacidad y necesidad del ser humano de mantener relaciones de cooperación, intercambio y comunicación con sus semejantes para situar su papel social y estructurar la sociedad a través de los grupos sociales. Si no existiera sociabilidad, los individuos no podrían cooperar y desarrollarse y la sociedad no existiría como la conocemos. El resultado de la relación social es que el grupo rinde servicios a los miembros, su existencia es favorable para el individuo que no conseguiría aislado los servicios que proporciona la cooperación a través del grupo.

En ausencia de sociabilidad, el individuo no se desarrolla como ser humano y carece del atributo más humano: el lenguaje, como lo ha demostrado el descubrimiento de los niños salvajes que no hablaban, solo emitían gruñidos aprendidos de los animales con los que convivían y eran incapaces de establecer cualquier tipo de relación con otras personas. Solo eran humanos en apariencia, pero se parecían más a los animales con los que vivían que a seres humanos.

La sociabilidad es una parte de la personalidad del individuo y consiste en la facultad de relacionarse con los demás para beneficio propio y de la sociedad. Se inicia en la familia y se desarrolla durante toda la vida pero especialmente cuando se entra en las instituciones sociales obligatorias, educación, trabajo, etc. Al asumir roles estables, la sociabilidad se estructura entre grupos habituales que se mantienen durante toda la vida activa.

En la jubilación se pierden los contactos relacionados con el trabajo, pero se mantienen o incluso inician nuevos contactos sociales. El incremento de la esperanza de vida y de tiempo del jubilado supone un potencial de relaciones que se establecen o no según múltiples factores: personales, familiares, económicos.

Resulta útil, para la calidad de vida del jubilado, establecer nuevas relaciones que compensen las pérdidas por el cese en el trabajo, y a ello se dirige la orientación social en los Programas de Preparación para la Jubilación (PPJ).

Segregación-integración de las personas mayores

Los mayores irrumpen en el siglo XXI en las sociedades occidentales con porcentajes próximos al 20 por ciento de la población total y se hallan aún en busca de su lugar en la estructura social que se ha esquematizado en segregación o integración. Toda sociedad democrática debe integrar a los mayores como ciudadanos de pleno derecho sin ninguna discriminación. La legalidad de su integración social se halla ratificada constitucionalmente y proclama la no discriminación de cualquier minoría por cualquier causa, pero no nos referimos a la discriminación jurídica. Se trata de analizar actitudes sociales, opiniones en relación con las personas mayores, y estas oscilan entre dos extremos: segregación o integración con todos los matices intermedios.

Un caso típico de segregación es el de los ayuntamientos que ofrecen ocio, deporte o cultura a sus ciudadanos y se plantean si ello debe ser integrado por edades o no. Si queremos la integración en centros sociales comunitarios, el uso de los espacios debería ser compartido, pero las diferentes generaciones no están de acuerdo ya que sus preferencias y potenciales vitales son diversos; en la práctica se comparten solamente servicios comunes como comedores, vestuarios, etc. En la sociedad industrial de masas que busca la eficiencia en los servicios ha predominado la especialización por edades para satisfacer las demandas de las diversas generaciones. La consecuencia es que la especialización por edades en ocio, deporte o religión origina una sociedad eficiente pero que no integra a las diferentes generaciones porque no se relacionan entre sí. En los pueblos pequeños no se plantean estos problemas, las diferentes edades conviven normalmente en los espacios disponibles (casino, bar, mercado) y se conocen por contacto directo sin necesidad de espacios específicos.

Debido a ello se insiste en los beneficios de las relaciones intergeneracionales habituales en las familias, que deberían extenderse a otros grupos sociales.

La discriminación por edad reviste muchas formas, desde la separación por actividades para mayor eficiencia hasta la marginación, por supuesta falta de aptitudes en el trabajo o en el ocio.

En el trabajo, a las personas mayores se las excluye de promociones por dudas sobre su aptitud o proximidad a la jubilación. En programas formativos se las discrimina por suponer dificultades de aprendizaje y tener menos años de vida laboral en los que amortizar la inversión realizada.

Los términos para identificar la marginación de los mayores son variados:

Ancianismo: Prejuicio mental sobre la competencia y aptitudes de las personas por su edad avanzada. Es un concepto reciente pero que se aplica a diversidad de situaciones donde surgen obstáculos para considerar a la persona apta para el desempeño de una actividad. Se trata de un estereotipo intelectual basado en las limitaciones que afectaban a la mayoría de las personas después de la jubilación. Actualmente, con la mejora de la calidad de vida, la edad solamente no puede ser un criterio para juzgar la aptitud. Como actitud mental puede evolucionar a manifestaciones de discriminación, aislamiento y rechazo de las personas mayores.

Edadismo: Se aplica también a los jóvenes discriminados por su escasa edad para acceder a puestos o responsabilidades así como a los mayores cuya competencia para ciertos trabajos se cuestiona. En este caso se reúnen en una práctica negativa el prejuicio de la edad, insuficiente o excesiva, para dos generaciones en los extremos de la pirámide poblacional. Si existen relaciones intergeneracionales sanas, el edadismo será un motivo, aunque sea negativo, para relacionarse y oponerse a la discriminación por edad.

En la promoción a puestos directivos o técnicos se produce con frecuencia edadismo en la misma empresa al considerar que el candidato es «demasiado» joven o «demasiado» viejo para ocupar el puesto, lo que revela la inconsistencia de las políticas de personal.

Gerontofobia: Consiste en una reacción negativa, prevención, temor, animadversión, odio a las personas de edad teniendo muchas gradaciones, manifestaciones y estereotipos. La sociedad contemporánea con el culto a la juventud y sus valores (fuerza, belleza, atractivo sexual, poder) discrimina automáticamente a las personas que no compartan estas características. Ello resulta paradójico en sociedades democráticas donde las personas mayores son ya el grupo mayoritario.

Una manifestación importante de la gerontofobia es el maltrato a los ancianos estimado en Occidente en torno al 10 por ciento de la población y originado en el seno de la familia o por cuidadores. Se trata de un problema creciente y que las administraciones y las familias deben resolver proporcionando mejores servicios y educación.

2. INTEGRACIÓN

La integración de las personas mayores se desarrolla normalmente en la familia al relacionarse las diferentes generaciones y beneficiarse de aportaciones mutuas. En la sociedad agraria tradicional, con la convivencia bajo el mismo techo, los mayores tenían el respeto de los jóvenes por sus conocimientos basados en la experiencia, y en las clases elevadas por el poder económico de la titularidad de la explotación.

En la sociedad industrial, la convivencia normal de las familias acontece en hogares independientes, pero las relaciones entre generaciones familiares son más frecuentes que con cualquier otro grupo. La integración se practica naturalmente en la familia, los jóvenes se relacionan con otras generaciones como parte de su socialización que se amplía progresivamente con otras relaciones en la escuela, el ocio, el deporte, las actividades, etc. Como en toda relación, existen dos partes y el éxito se basa en un intercambio ventajoso para ambas. Así como se socializa al niño en las relaciones intergeneracionales familiares como una actividad habitual también debe socializarse a la persona mayor para que interactúe con los más jóvenes; aquí la carga es más importante para la persona mayor pues debe tolerar un conjunto de valores, actitudes y conductas que no son las propias y con frecuencia claramente contrapuestas.

¿Cómo conseguir relaciones saludables con elementos tan diversos? La respuesta yace más en el papel de la persona mayor, en su tolerancia, aunque no acepte los valores, conductas y lenguaje de los jóvenes, muy alejados de los propios pero que debe tolerar y soportar si desea el contacto.

¿Cómo relacionarse sin admitir, ni criticar, ni oponerse? Aquí radica el reto de la conducta del mayor, facilitando el diálogo sin entrar en el fondo de los valores, mientras que la conducta se mantenga dentro de límites aceptables. La persona mayor no tiene que integrarse necesariamente en la cultura juvenil, pues supondría renunciar a la propia, pero debe aceptar que la relación en sí misma es más importante que oponerse a los valores del otro que contradicen los propios.

Relaciones sociales en la familia

En la familia se inician las relaciones que definen la personalidad social y acompañarán durante toda la vida a sus miembros como ciudadanos. Son relaciones dinámicas de acuerdo con el cambio social pero es importante identificarlas para establecer el cuadro de referencia básico.

Padres-hijos

Es la primera relación jerárquica en la vida debido a la diferencia de derechos y obligaciones de cada miembro y supone el paso del matrimonio o relación entre iguales, a la familia: una relación jerárquica y subordinada por la diferencia de edad y responsabilidades. El Derecho romano ha establecido la normativa de derechos y obligaciones que los códigos de familia a partir de Napoleón en el Mediterráneo e Iberoamérica han reproducido para la protección de los ciudadanos y el bienestar de la sociedad.

Las obligaciones de los padres son la protección del hijo desde que nace hasta la mayoría de edad, incluyendo alimentación, cuidado, educación en valores esenciales para la convivencia, moralidad de las costumbres, solidaridad social. El papel de la mujer en la familia incluye la satisfacción de sentimientos y cierta flexibilidad en la aplicación de las normas de convivencia mientras que al varón se lo considera el garante de la disciplina y aplicación de las normas.

El hijo tiene las obligaciones correlativas a las de sus padres de obediencia, respeto y colaboración que exige la vida en común.

Con el desarrollo del hijo, sus obligaciones se mantienen con los matices propios de cada edad. De la subordinación en la infancia se pasa a niveles mayores de autonomía hasta llegar a la adolescencia y mayoría de edad en la que podrá decidir legítimamente el contenido de las relaciones. Lo normal es el mantenimiento del estilo de las relaciones con las aportaciones que la personalidad del hijo introduzca y las circunstancias lo permitan pero que se mantendrán normalmente con la misma naturaleza original.

En la madurez de los hijos que conviven en el hogar y cuando las dos generaciones trabajan, las relaciones son entre iguales que aportan su esfuerzo a la familia y a la sociedad, contribuyen a los gastos, intercambian información, ofrecen ayuda mutua. Esta teoría a veces se rompe por el hijo que desea ser un menor alojado, sin contribuir económicamente y que se resiste a ser un adulto autónomo.

Al envejecer puede aparecer la necesidad de ayuda de hijos a padres, personal, financiera, de consejo para decisiones nuevas y que los hijos dominan mejor por estar en la población activa. Las posibilidades de cooperación son ilimitadas y aparece el principio de la compensación de las posiciones sociales. Cuando el hijo necesitaba ayuda para integrarse en la sociedad tuvo el apoyo de los padres, ahora que los padres necesitan ayuda se invierte el sentido de las relaciones y son los hijos los que proporcionan la ayuda. El resultado es que la familia como institución satisface diversidad de necesidades de sus miembros en la totalidad de las etapas vitales. No existe institución más flexible que procese mayor variedad de demandas y ello se comprueba en el envejecimiento contemporáneo que origina diversidad de peticiones de sus miembros mayores.

Abuelos-nietos

La relación parte de una diferencia importante de edad y obligaciones. La *abuelidad* en el siglo XXI se está construyendo de forma muy diferente al pasado, ya que los dos grupos poseen características muy diversas. Los nietos tienen un desarrollo acelerado en algunos apartados como madurez sexual, actitudes, ideología política, aunque la velocidad de recorrido de las etapas les haga menos conscientes como ciudadanos y sea menor su madurez que la de generaciones anteriores a la misma edad.

En España se ha tratado de combatir dicha inmadurez con programas como el de educación para la ciudadanía. A través de él se adquirirían unos mínimos éticos y de conciencia social, fines legítimos en cualquier sociedad pero que en este caso se ha desvirtuado por diferencias en el contenido de los objetivos.

Los nietos actuales gozan de una libertad personal inimaginable en el régimen anterior. Se basa en los valores democráticos de nuestra Constitución y enfrenta a los abuelos educados en el sistema anterior a numerosas paradojas para las que no existen respuestas inmediatas. Cada caso debe resolverse a la medida de sus protagonistas y potenciando el bienestar de todos.

Los abuelos jóvenes, por ejemplo, tienen una mayor salud y competencia física que en el pasado, que se refleja en el potencial de juegos físicos, deportes de riesgo y competitivos.

Las funciones de los abuelos con sus nietos no son las de los padres, y solo las deben desempeñar cuando se lo encomienden los hijos. Sus funciones son de ayuda instrumental, en especial cuando ambos padres trabajan, pero también de expresión sentimental y relación libre, sin los requisitos de la autoridad paterna que solo ejercen por delegación. Resulta frecuente la comunicación más libre entre abuelos y nietos que entre padres e hijos y se fomenta por los abuelos proporcionando espacios para la libre expresión. A un abuelo se le confían situaciones, problemas e interrogantes que no llegan a los padres pero que necesitan orientación con el compromiso de que no se comunicarán a los que tienen autoridad. Se introduce así un espacio de discusión que permite manejar alternativas, valorar consecuencias y adoptar decisiones meditadas.

Con frecuencia los padres se maravillan de las buenas relaciones entre abuelos y nietos pertenecientes a generaciones tan alejadas cuando ellos tienen dificultades a pesar de ser de generaciones contiguas. La paradoja de las relaciones sociales se manifiesta en su propia existencia, a pesar de diferencias esenciales en edad, valores y fuerza física, las relaciones se desarrollarán mientras haya puntos comunes de afecto auténtico, sentimientos de mutua comprensión y aceptación.

Hermanos

Las relaciones entre hermanos son igualitarias para la sociedad, ya que comparten el mismo estatus en la familia. Sin embargo, en la familia las edades diferentes originan derechos y obligaciones diversas. En sociedades agrícolas tenían consecuencias sobre la herencia como la transmisión de las explotaciones al hermano mayor, primogénito, para garantizar la continuidad.

Actualmente los hermanos se consideran iguales por la ley y la mayoría de las familias los trata de la misma forma aunque siguen existiendo diferencias entre sexos según la edad y las competencias respectivas.

El curso de la vida establece tres etapas diferentes en las relaciones fraternas:

1. **Niñez y adolescencia**: Etapa educacional en la que conviven en contacto permanente en la familia y elaboran sus personalidades sociales sin mayores diferencias que las debidas a la edad y a su personalidad.

2. **Independencia familiar/laboral**: Abandonan el hogar familiar por trabajo o matrimonio, se interrumpen las relaciones continuas habituales y elaboran nuevas relaciones con el exterior manteniendo cierto contacto entre ellos o en visitas al hogar familiar.

3. **Apoyo familiar**: La última etapa comienza cuando uno de los padres u otro hermano necesita ayuda específica profesional, económica y requiere una decisión fraterna conjunta. Se reúnen normalmente en consejo de familia liderados por algún hermano y deciden sobre los múltiples problemas que el envejecimiento plantea a algún miembro de la familia.

Existe una diferenciación tradicional entre los hermanos según el sexo que asignaba a las hermanas la función de cuidadora de padres ancianos. Actualmente la incorporación de la mujer al trabajo ha reducido dichas funciones y hoy participa como los hermanos en las decisiones que afectan a los padres. El problema más frecuente es la aparición de la dependencia; se reúnen los hermanos y deciden sobre alguna de las alternativas posibles: ayuda a domicilio, supervisión compartida, rotación entre hogares de hijos o internamiento en institución, responsabilidad de la supervisión y el reparto del coste de los servicios.

Relaciones parentales

El parentesco es una categoría amplia de conexión de sangre común o de relaciones por matrimonios con diversos niveles e intensidades: tíos, primos, cuñados, nueras, suegras, yernos son un amplio repertorio de individuos cuya importancia varía según su personalidad, poder e influencia en la sociedad y en la familia. Cada pariente tiene una función que se conoce por su disponibilidad, competencia, facilidad de acceso, etc. y que se convierte en punto de referencia para cada tipo de decisión para la que conviene consultarle. Las dedicaciones profesionales como la medicina o la abogacía destinan a sus titulares para ejercer el consejo en dichas materias.

En familias integradas, la red de parientes se relaciona con frecuencia, se mantienen los contactos periódicamente y la dinámica social se inserta como parte de los objetivos familiares. Otras familias apenas se relacionan y solo se encuentran para ritos de paso: bodas y entierros, las relaciones entre parientes son escasas aunque en momentos de crisis puede recurrirse a ellos.

3. HECHOS CLAVE

Se trata de acontecimientos que influencian el tipo de relaciones en la familia y que implican una nueva perspectiva en las relaciones.

Infancia y adolescencia

La familia comienza a tener personalidad propia con los hijos y aparecen las relaciones jerárquicas. Los padres cuidan de los hijos en todos los aspectos para su desarrollo global, son protectores, educadores, modelos de conducta, y la demanda de atención es tan intensa que pueden resentirse las relaciones de pareja. Aunque intercambian opiniones, están muy ocupados en años clave para el desarrollo de los hijos.

Mayoría de edad de los hijos

Tiene lugar normalmente en el seno de la familia, sin cambio residencial, pero supone un cambio legal que se ha ido preparando durante la adolescencia e implica la libertad del hijo para asumir sus propias decisiones. A la autonomía funcional del desarrollo fisiológico se une la autonomía legal para ejercer sus funciones políticas como ciudadano. La mayoría de los hijos estarán en períodos educacionales y seguirán en el hogar, pero es el primer indicio de la futura emancipación que puede manifestarse de diversas formas en relación con los padres. La diferencia de opiniones políticas es frecuente al tener los jóvenes, por instinto vital, ideologías más progresistas y de cambio social frente a las más conservadoras de los padres.

Los varones lógicamente tratarán de distanciarse de las actitudes del padre para afirmar su propia identidad. Las mujeres parecen estar más de acuerdo con las opiniones de las madres, pero en la práctica cualquier alternativa es posible. Lo que es evidente es que entre dos generaciones de diferentes edades existirán diferencias importantes aunque ello no impida la convivencia civilizada en el hogar familiar.

Primer trabajo. Matrimonio. Primera salida del hogar

Cuando el primer hijo encuentra trabajo puede salir o no del hogar, pero si contrae matrimonio lo habitual es ocupar uno propio. Aquí se inicia un proceso importante, si existen otros hermanos es solo un comienzo que finalizará con la pareja sola. La satisfacción de comprobar que el primer hijo se independiza no esconde la realidad de que este hijo es ya independiente física, económica y sentimentalmente y que no necesita el apoyo de la pareja que lo concibió.

Nido vacío

Expresión clara de lo que supone la salida del último hijo que se independiza y establece su propio hogar con o sin familia. Los pájaros han abandonado el nido en el que han vivido hasta ahora y vuelan por su cuenta. El impacto es mayor en la madre que comprueba el fin de una etapa de cuidados y atenciones y el final de su papel instrumental de madre. Al reducirse el número de miembros del hogar ganan en importancia las relaciones de la pareja que subsisten. Es un momento de replanteamiento de las relaciones matrimoniales, ya que quedan muchos años de vida en pareja. El varón suele estar trabajando y las consecuencias más negativas se sitúan en la mujer sin trabajo fijo. Es un momento adecuado para reingresar en el mundo laboral, establecer nuevas actividades y replantearse las relaciones de pareja.

Nido lleno

Una realidad opuesta al nido vacío es la de los hijos solteros inamovibles que siguen llenando el hogar, no se casan y no conciben salir del hogar familiar de toda la vida. Muchos padres esperando la liberación de habitaciones de los hijos para ocuparlas en su jubilación con actividades propias comprueban cómo los hijos insensibles a sus necesidades no pueden pensar en liberar su habitación de toda la vida que han convertido en su hogar. En ningún lugar se lo atiende mejor con los servicios de hostelería bien suministrados, independencia total debido a su edad y con ninguna obligación de información, de ayuda económica o de relación, salvo alguna sonrisa a la gran proveedora de toda la vida, la madre que los parió.

Ella nunca será capaz de indicarles que los adultos deben tener su propio nido, si quieren ser seres humanos completos a saber con todas las obligaciones cívicas, morales y económicas y que estas difícilmente se cumplen en el hogar familiar.

Asimismo, con las crisis económicas aparece el nido que se rellena, con los hijos que regresan al hogar siendo solteros, separados o casados con su pareja e hijos porque han perdido el trabajo y no tienen recursos para vivir independientemente y pagar la hipoteca que contrataron cuando tenían una actividad productiva. La dinámica familiar es muy variada como lo son las condiciones que la motivan: trabajo, uniones de parejas, dinámica económica imprevisible. Actualmente ha finalizado la época de las etapas definidas y estables y carecemos de diseños para nuevos modelos.

4. JUBILACIÓN

Desaparece el trabajo para el esposo, y si la mujer trabaja es normal que aparezca una inversión natural de roles. Tareas que realizaba ella como compra y limpieza se llevan a cabo por el varón, miembro de la pareja que tiene tiempo disponible. La reducción de ingresos es un elemento de toda jubilación que justifica una adaptación de los gastos de la pareja. El impacto profundo de la jubilación solo se produce cuando los dos miembros de la pareja han dejado el trabajo y entonces se pueden replantear sus relaciones con otras bases, como la disponibilidad total de tiempo.

Viudedad

La muerte de un miembro de la pareja, normalmente el hombre por su mayor edad y menor esperanza de vida configura la soledad de la mujer. Si la mujer muere antes, el varón tiene muchas posibilidades de encontrar compañía, existen más mujeres que hombres y el anciano actual tiene menores habilidades para la vida diaria.

Si el hombre no inicia una convivencia con otra pareja, con hijos o con amigos e inicia una vida como solitario aparecen con frecuencia problemas de salud por falta de equilibrio en la alimentación, higiene, cuidado del hogar y relaciones sociales por lo que es muy importante el apoyo familiar del viudo solitario.

El problema fundamental de la mujer viuda, aparte de la soledad que tolera mejor que el viudo, es económico; si no ha trabajado, su pensión de viudedad será casi la mitad de la jubilación de su marido; evidentemente los gastos que afronta no se reducen en la misma proporción. Por otra parte, la viuda es más competente para vivir sola por naturaleza y experiencia.

La viudez supone un nuevo estatus al que se debe adaptar la mujer individual y socialmente y tomar decisiones que antes tomaba consultando con su marido. Existen más viudas que viudos y pueden inspirarse en los papeles que otras viudas desempeñan. La adaptación al nuevo estado es mucho más fácil que para el varón y el apoyo familiar, en especial de hijas próximas físicamente, es importante. Cuando la viudez aparece luego de un periodo de asistencia al marido enfermo, la muerte de este puede resultar una liberación del sufrimiento del sujeto y de la propia viuda que tiene un panorama totalmente diferente que cuando ejercía la asistencia.

Síndrome de Diógenes

El estado más negativo del viudo se identifica con el síndrome de Diógenes que puede acontecer también entre varones solteros solitarios. Consiste en el abandono total de la higiene personal, alimentación deficiente, falta de cuidado del hogar junto a la acumulación de objetos inútiles y en mal estado de conservación y convivencia con animales mal alimentados. El alojamiento de dichos «Diógenes» puede presentar un riesgo para la salud pública de los vecinos, y las autoridades sanitarias deben intervenir finalmente para prevenir el riesgo. La literatura contemporánea ha explorado el síndrome de Diógenes en diferentes relatos como «El diario de una buena vecina» de la premio Nobel Doris Lessing.

Los trabajadores sociales de todas las ciudades de más de 100.000 habitantes tienen experiencia del síndrome, pero su intervención resulta difícil si el afectado se opone a la entrada en el hogar, y la autoridad judicial concede la autorización oportuna solamente cuando la situación, luego de muchas denuncias vecinales, se convierte en un grave peligro para la salud pública como infecciones, acumulación de residuos en descomposición, epidemia de roedores, etc.

5. DEPENDENCIA

La dependencia aparece normalmente primero en el varón debido a su mayor edad. La mujer es la persona que lo asiste en el hogar familiar en una relación de apoyo permanente para la que existen pocas alternativas, salvo los hijos responsables que colaboran con prestaciones personales o financieras al personal asistencial. La situación se agrava con el transcurso del tiempo e incremento de la dependencia y la fragilidad de la mujer que experimenta sus propias limitaciones y, cuando se halla en situación peligrosa, lleva a que la familia considere diferentes posibilidades permanentes o temporales, convivencia con familiar en propio domicilio, rotación entre hogares de hijos, ingreso en residencias.

Institucionalización

Si la dependencia es elevada y un cónyuge no puede cuidar al otro se impone el ingreso en una residencia o centro de día que facilite la vida del dependiente y de su pareja. La institucionalización siempre afecta a una minoría de la población total de personas mayores: nunca supera al 8 por ciento de los mayores de sesenta y cinco años en los países del estado de bienestar.

La institucionalización supone un cambio radical de las relaciones por la convivencia total (residencia) o parcial (centro de día). Ello requiere adaptación personal y progresiva, apoyo familiar o amigable y el reconocimiento de un cambio importante en la dinámica vital, a veces difícil de asumir por cualquier persona.

En algunos casos se institucionaliza a la pareja, aunque uno de sus miembros tenga competencia plena, pero el mantenimiento de la pareja en una habitación conjunta y con servicios es una solución frecuente y que proporciona calidad de vida a ambos miembros. Al morir uno de los componentes, lo habitual es la permanencia del miembro superviviente en la misma institución en la que ya ha establecido su rutina vital.

Relaciones fuera de la familia. Amigos, vecinos, etc.

Se nace en una familia donde suceden las relaciones habituales, pero se escogen las amistades para las relaciones preferidas. Los criterios de selección de amistades son tan múltiples como las preferencias individuales. Aparecen con la vida fuera de la familia, en la educación, el trabajo, el ocio, y se estructuran de formas diversas por afinidad o complementariedad. Se califican así según su origen: amistad escolar, laboral, deportiva, pero se consolidan por intangibles o por necesidad. La amistad es un interrogante para los analistas, pero su fondo es una atracción sentimental, de los afectos, de la forma de hacer que puede resultar más intensa que los lazos familiares. Cuando la amistad surge entre parientes de cualquier nivel entonces la garantía de permanencia y calidad es mayor.

Como en la familia, la amistad posee un código de buenas prácticas para mantenerla activa, y el primero es la habitualidad. Si no existen contactos frecuentes la amistad deja de ser relevante, ya que los humanos nos realizamos en el tiempo y por ello es muy difícil tener buenos amigos que no se vean, aunque existan declaraciones al respecto en sentido contrario.

Jubilación y amistad

La jubilación interrumpe la relación diaria con personas en el trabajo, por lo que la continuidad de la amistad laboral está condicionada a muchas circunstancias: proximidad geográfica, compatibilidad de los cónyuges respectivos, salud de las dos partes. La jubilación supone una pérdida de relaciones diarias y se debe adoptar una estrategia para compensar dicha pérdida. Lo habitual es reforzar los vínculos con vecinos, compañeros de actividades nuevas, parientes compatibles con los que se relacionaba y establecer una red de relaciones del jubilado que compense la pérdida de las relaciones laborales.

La jubilación es una etapa importante para establecer amistades libres basadas en la semejanza de aficiones, preferencias culturales, ideología política y económica. En esta etapa de la vida las amistades pueden ser más libres que en el trabajo y basadas en valores esenciales compartidos sin condicionamientos sociales o económicos. El jubilado tiene mayor oportunidad de expresar sus ideas y valores con la libertad de no esperar compensaciones ya que no forma parte de la población activa sujeta a todo tipo de condicionamientos.

Dada la variedad de actividades posibles con grupos se incluye una lista de la posibles actividades de los jubilados con diversos grupos. Se recomienda explorar muchos para decidir cuales son más idóneos según sus preferencias.

ACTIVIDADES

A. VIDA DIARIA
1. Higiene - aseo
2. Descanso - sueño
3. Alimentación:
   compra
   almacenamiento
   preparación
4. Hogar:
   - mantenimiento:
     electricidad, mecánica
   - bricolaje:
     madera
     limpieza
     seguridad
5. Plantas: jardinería
6. Animales domésticos

B. FISICAS-MANUALES
7. Gimnasia
8. Paseo, marcha
9. Correr
10. Natación

C. SENTIDOS
11. Comida. Gastronomía
12. Bebida
13. Música
14. Pintura
15. Cine

D. AUTOEXPRESIÓN
16. Pintura
17. Dibujo
18. Trabajos manuales:
    Madera, metal, cerámica
    cestería, modelismo
19. Fotografía. Video
20. Coleccionismo

E. SOCIALES
21. Familia:
    periódicas,
    aniversarios
22. Hogares, casals,
    llars, asociaciones
23. Centros recreativos,
    clubs
24. Billar
25. Cartas
26. Ajedrez
27. Damas, dominó
28. Aficiones:
    coleccionismo
    animales
29. Temas discusión
30. Información:
    política,
    económica,
    social,
    cultural

F. RECREO
31. Espectáculos:
    cine
    teatro
    deportes
32. Lectura
33. Radio
34. TV
35. Baile
36. Viajes

G. DEPORTE
37. Excursionismo
38. Ciclismo
39. Petanca
40. Otros

H. EDUCACIÓN
41. Lectura,
    bibliotecas
42. Escritura
43. Conferencias
44. Lenguas
45. Instrumentos musicales
46. Coros

I. IDEOLÓGICAS
47. Asociaciones jubilados
    clubs, casals
48. Partidos políticos
49. Sindicatos
50. Asociaciones vecinos
51. Asoc. consumidores
52. Grupos interés,
    de presión

J. VOLUNTARIADO
53. Sanidad:
    hospitales,
    enfermos
54. Educación:
    infancia
    adolescencia
    adultos
55. Cultura:
    conferencias,
    historia,
    bibliotecas
56. Servicios sociales:
    minusválidos,
    infancia,
    adultos

K. ECONÓMICAS
(Gestiones, ayudas,
servicios)
57. Mútua
    vecinos
    amigos
58. Familiar, parientes
59. Domicilio-hogar

L. ESPIRITUALES
60. Culto
61. Grupos religiosos:
    fe,
    acción,
    apostolado
62. Formación:
    dogma, teoría
    Biblia, Corán, Tora
63. Ayuda mútua:
    visitas, teléfono,
    correspondencia

VI
DINERO. ECONOMÍA

Los recursos materiales son necesarios para vivir a cualquier edad, pero en la jubilación se modifican para la mayor parte de la población, cambiando el salario por la pensión. Otras necesidades también cambian como el número de miembros en el hogar, los gastos sanitarios, las necesidades personales, y se origina un nuevo esquema de ingresos y gastos que debe equilibrarse para proporcionar felicidad.

Jubilación y reducción de ingresos económicos

La jubilación supone para la mayoría de los ciudadanos una reducción de ingresos, se deja la estructura productiva y el salario, ligado directa o indirectamente a la economía, y se cambia por la jubilación. Se pasa del trabajo-salario conectado a la economía real a la jubilación-pensión solo ligada a las cláusulas de revisión pactadas o a la voluntad de políticos responsables de la política de pensiones.

En todas las naciones, las pensiones de los jubilados son menores que los salarios de los trabajadores en activo. Para evitar la pérdida de poder económico, los jubilados diseñan diversas estrategias, pero antes examinemos la razón de ser de las pensiones.

Pensiones: las prestaciones más antiguas

Luego de la protección a los accidentes de trabajo, las pensiones de vejez fueron las primeras prestaciones públicas que protegían al trabajador a partir de los sesenta y cinco años al cesar en su actividad productiva.

Su promotor fue el canciller Bismark quien aprobó, a finales del siglo XIX, la primera ley sobre pensiones de vejez a partir de los sesenta y cinco años, edad que el canciller no había cumplido. Se dice que fue una estrategia para suprimir a sus adversarios políticos que superaban dicha edad y reforzar su papel de líder en la nueva Alemania unificada.

La jubilación anticipada con ventajas especiales para ciertos colectivos, como ejércitos, funcionarios, líderes sindicales, trabajadores de sectores en crisis ha sido utilizada políticamente en diversos países, incluida España, sin que los jubilables o los sindicatos hayan opuesto grandes resistencias.

Las pensiones de vejez han protegido inicialmente a servidores del Estado: militares, funcionarios civiles, extendiéndose progresivamente al resto de los trabajadores. La pensión se ha ligado al abandono del trabajo como compensación a los años trabajados. En las naciones donde el estado de bienestar y la protección social son más intensos, las prestaciones en la vejez tienen menor relación con el trabajo y más con los derechos del ciudadano a la protección social total desde la cuna a la tumba. Las pensiones se iniciaban como contraprestación al trabajo realizado fijándose en proporción al salario recibido. Con el tiempo se incorporarían otras compensaciones como facilidades para la compra de alimentos, beneficios económicos y sociales, centros de ocio, que originaron que los funcionarios jubilados disfrutasen de un estatus económico y social superior al resto de los trabajadores.

En el sector privado las empresas financiaban también prestaciones para sus jubilados, «capitalismo paternalista», y las diferencias entre jubilados funcionarios y los de empresa se reducen. Actualmente el paternalismo es inexistente y se considera que el estado de bienestar debe abarcar a todos los ciudadanos sin consideración al origen de la pensión.

1. DESARROLLO DE LAS PENSIONES EN ESPAÑA

Evolución de la protección social a la vejez

La protección social en España se inicia con la Ley Dato en 1900, el Instituto de Reformas sociales en 1903 y el Instituto Nacional de Previsión en 1908. La primera protección a la Vejez aparece en 1919 con el Seguro de Retiro Obligatorio. En 1920 se crea el Ministerio de Trabajo. En 1931 la Constitución de la Segunda República menciona la atención a las personas de edad y a los seguros de vejez. El Fuero del Trabajo en 1939 regula el seguro de vejez e invalidez.

Entre 1949 y 1960 se inician los vestigios de ayuda social por el Estado superando la concepción de la beneficencia privada, armonizando los diferentes seguros y estableciendo en 1954 las Mutualidades Laborales con sus prestaciones complementarias.

En 1963 aparece la Ley de Bases de la Seguridad Social y en 1967 la normativa que la desarrolla. En 1970 se crea el Servicio de Asistencia a Pensionistas así como el SEREM, Servicio de Rehabilitación de Minusválidos y en 1974 el INAS Instituto Nacional de Asistencia Social.

La Constitución de 1978 declara en su artículo 50:

«Los poderes públicos garantizarán, mediante pensiones adecuadas y periódicamente actualizadas, **la suficiencia económica** a los ciudadanos durante la tercera edad. Asimismo y con independencia de las obligaciones familiares promoverán su bienestar mediante un sistema de **servicios sociales** que atenderán sus problemas específicos de **salud, vivienda, cultura y ocio**»

La protección a los mayores en Servicios Sociales se transfiere en los ochenta a varias comunidades autónomas y se aprueban las correspondientes leyes y la competencia por los mismos en los municipios de más de 20.000 habitantes.

Sin embargo estos derechos no son exigibles por los ciudadanos según la interpretación repetida del Tribunal Constitucional, si no existe una ley que los desarrolle.

En 1990 se establece la estructura de la Seguridad Social en sus tres elementos: prestaciones contributivas, no contributivas y complementarias. En 1992 se aprueba el Plan Gerontológico Nacional por el Ministerio de Asuntos Sociales de nueva creación. En 1998 se transfieren las competencias sobre Servicios Sociales y Sanitarios a todas las comunidades autónomas con lo que se crea una estructura nueva y descentralizada que por la propia variedad de equipamientos y de reparto poblacional no puede ofrecer servicios semejantes en todas las comunidades.

El resultado es que una vez más los españoles son desiguales, en la satisfacción de sus derechos sanitarios y sociales contra lo que dice la Constitución (art.14)

2. PREVISIÓN PÚBLICA. SEGURIDAD SOCIAL Y POLÍTICA GERONTOLÓGICA

Política sobre pensiones

La importancia de las pensiones para la economía nacional se reconoce por todos los agentes sociales: gobierno, sindicatos y patronal, y se afirma la necesidad de llegar a acuerdos derivados de la voluntad e interés colectivos y elaborar conjuntamente el marco y las normas de dichos acuerdos.

En 1995 se aprueba el nuevo texto de la Ley de Seguridad Social y se inician los trabajos para el Pacto de Toledo sobre pensiones. En 1997 se introduce la revalorización automática de pensiones en función de la variación del IPC y se inicia una etapa de colaboración con los sindicatos para la mejora de las pensiones mínimas.

La base económica de la política de pensiones y Servicios Sociales se basa en el gran desarrollo de España en las últimas décadas que incrementa los recursos de la Seguridad Social por el aumento de trabajadores cotizantes. Las administraciones públicas son conscientes de la contribución de las pensiones a la riqueza nacional, ya que mantienen el potencial de consumo de los pensionistas y por tanto el desarrollo de la economía.

El año 2008 se inicia un período de recesión que lleva al desempleo a más de cinco millones de trabajadores en 2011, quienes pasan de cotizantes a la Seguridad Social a desempleados. De ellos más de un millón no perciben las prestaciones de desempleo con lo que su capacidad económica se reduce como la actividad económica general. Al gasto que supone para la administración pública el seguro de desempleo, se añade la falta de cotización a la Seguridad Social y la reducción de su Fondo de Reserva.

Política gerontológica

La sucesión de normas, planes, observatorios y disposiciones sobre personas mayores lleva en España a una política gerontológica inspirada en países europeos pero con características propias. En algunas comunidades autónomas, como el País Vasco, Navarra y Cataluña, ha existido históricamente un apoyo a la vejez basado en las Cajas de Ahorro, Mutualidades, Montepíos con prestaciones que complementan y amplían la protección estatal.

La transferencia de las competencias sanitarias y sociales a las comunidades autónomas, supone un reto para la coordinación de la demanda sanitaria y social de las personas mayores. La pérdida de salud puede limitar una función del cuerpo, pero sus consecuencias repercuten en la vida global del enfermo y su familia. Existen varias iniciativas de coordinación sociosanitaria para superar la división, pero las diferencias en la atención subsisten, debido a que las competencias sanitarias y sociales no se hallan integradas en la misma unidad administrativa y a la gran diversidad de equipamientos y personal entre las diversas comunidades autónomas.

Otra dificultad en España consiste en la falta de definición de las prestaciones sociales obligatorias para la Administración y que pueden reclamar los ciudadanos. No existe un catálogo de servicios sociales públicos exigible por los ciudadanos.

Ningún gobierno nacional en la democracia ha promulgado una ley nacional de Servicios Sociales que definiera, como se ha hecho en Sanidad, el derecho a los Servicios Sociales públicos en todo el territorio nacional.

El propio concepto de Servicios Sociales no se ha establecido específicamente como derecho subjetivo del ciudadano y ello no se introduce hasta la Ley de la Dependencia. Esta ley aspira a establecer un derecho universal definido como el cuarto pilar del estado de bienestar, siendo los otros tres el derecho a la educación, a la salud y a la pensión. La protección a la dependencia es una prestación importante y justa pero no es el cuarto pilar del bienestar, ya que existen muchas otras demandas sociales sin satisfacción específica y de ahí la importancia de una ley de Servicios Sociales que encuadre en el siglo XXI de una vez y por todas los derechos públicos de los ciudadanos respecto a sus necesidades sociales.

Se suceden varias normas para personas mayores, pero las iniciativas proceden ahora de las comunidades autónomas, y hasta la Ley de la Dependencia no aparece un intento de definición de Servicios Sociales homogéneos en todo el territorio.

Los resultados son contradictorios por la diversidad de criterios y valoraciones. La Ley de la Dependencia ha servido para poner de relieve las diferencias entre comunidades y la falta de homogeneidad en servicios sanitarios y sociales. Actualmente, con la incorporación del IMSERSO al Ministerio de Sanidad, es de esperar que se supere la falta de comunicación entre Sanidad y Servicios Sociales.

Aparecen diversos problemas en la aplicación de la Ley de la Dependencia: cálculo adecuado de posibles beneficiarios, insuficiente dotación económica, diferencias en la valoración y trámite de las solicitudes, desigualdad en los recursos asistenciales, variedades en la calidad de la atención y en la formación de los técnicos responsables. En un periodo de dificultades económicas, resulta imposible que se enmienden las limitaciones de la ley, pero es positivo que exista como instrumento de protección a la dependencia.

El desarrollo de la protección a las personas mayores en España ha sido accidentado desde la beneficencia hasta el presente, teniendo ministerio propio o siguiendo en el de Trabajo con un cambio corto a Educación y finalizando actualmente en Sanidad. Teniendo en cuenta la demanda de las personas mayores con frecuencia social y sanitaria parece idóneo el nuevo emplazamiento en la administración sanitaria.

3. PENSIONES Y JUBILACIÓN

Estructura económica de las pensiones

Las pensiones públicas se pagan con las cantidades acumuladas por las cotizaciones de los trabajadores durante su vida laboral y también por aportaciones del Estado merced a impuestos. La relación entre trabajo y pensión se basa en la cotización que puede acumularse de diversas formas por reparto o por capitalización. En España rige el sistema de reparto; las cotizaciones de los trabajadores en activo se destinan al pago de las pensiones de los jubilados. Es un sistema de solidaridad social pero tiene el peligro que si existe desempleo y hay pocos cotizantes el sistema puede llegar a ser deficitario. Se mide por la proporción de cotizantes respecto a jubilados o tasa de cobertura que ha sido durante años muy favorable con varios trabajadores cotizantes por jubilado. En las etapas de desarrollo económico de los ochenta se llegó a tener hasta cuatro trabajadores cotizando por jubilado. Con el envejecimiento de la población, la crisis económica y la pérdida de puestos de trabajo, la tasa de cobertura es algo superior a un trabajador por pensionista y la viabilidad del sistema peligra.

Diversos economistas han alertado sobre el riesgo del sistema de reparto para las pensiones y han propuesto fórmulas para introducir elementos de capitalización. En la capitalización, la cotización se acumula individualmente y se invierte en valores seguros; al llegar la jubilación se devuelve al titular el capital con los intereses de forma vitalicia. No es un sistema solidario pues cada persona acumula para sí y luego recibe lo que ha ahorrado más los intereses. Existen diversos instrumentos de capitalización, y en la práctica hay varios millones de ciudadanos que disponen de complementos privados a su jubilación de la Seguridad Social.

Pensiones de la Seguridad Social

Constituye el ingreso fundamental para la mayoría de los trabajadores y se calculan sobre la base del número de años cotizados con un mínimo de quince años y con dos de ellos incluidos en los anteriores. La cantidad percibida se basa en las cotizaciones realizadas y de ahí la importancia de que todo trabajador en su vida laboral compruebe si éstas son correctas; no se debe esperar a la jubilación pues entonces será imposible modificar las cotizaciones no realizadas. El Instituto Nacional de la Seguridad Social informa puntualmente de la vida laboral y de cotización de cualquier trabajador por medios informáticos o personales.

Servicios a pensionistas

Aparte de la pensión, los jubilados tienen derecho a servicios complementarios que suplen la insuficiencia de la pensión para satisfacer sus necesidades de «salud, vivienda, cultura y ocio» según la terminología constitucional y que se desarrollan a través de los Servicios Sociales. La oferta es variada según las administraciones públicas, desde las comunidades hasta los municipios, y comprende ayudas económicas, reducciones en el coste de los servicios, preferencia en adjudicación de viviendas de promoción pública, transporte, espectáculos, ayuda a domicilio, asistencia sanitaria especializada, etc. Se afirma que los servicios a jubilados se ofrecen como sustitutivos de pensiones adecuadas y, por tanto, manifestación de paternalismo del Estado que al no ofrecer pensiones suficientes las sustituye por servicios.

En la práctica se ha normalizado una oferta especial para pensionistas o mayores de sesenta y cinco años por parte de la iniciativa privada que, consciente del creciente mercado gris, multiplica sus alternativas. Algunos servicios se ofertaron en primer lugar por el IMSERSO, como los de vacaciones y termalismo y luego se han trasladado a otros públicos. Estos servicios corresponden a la nueva imagen del jubilado activo, con frecuencia prejubilados con buena salud, esperanza y calidad de vida y con un estatus diferente del antiguo jubilado que llegaba a dicho estado con mala salud y poca esperanza de vida o recursos tanto personales como económicos.

4. JUBILACIÓN ANTICIPADA Y RETRASADA

Jubilaciones anticipadas

Han sido una constante en la realidad laboral debido a la reestructuración industrial de los años setenta y a la tendencia de algunas empresas de reducir plantillas o rejuvenecerlas. Existe una gran variedad de situaciones que permiten adelantar la jubilación con los consiguientes ajustes en las cantidades a percibir, cobertura de Seguridad Social, etc. Actualmente se trata de restringir su tramitación, debido a la carga que suponen para la Seguridad Social. La jubilación anticipada ha sido un instrumento de las empresas para ajustar las plantillas y reducir los costes de personal con antigüedad. Los sindicatos la han aceptado pues constituye una mejora objetiva al mantener la retribución y cambiar el tiempo de trabajo por tiempo utilizable para cualquier fin personal. En la práctica, entre los prejubilados ha existido mucha actividad laboral al margen de la legalidad, trabajo no declarado, ayuda a familiares, servicios a la administración no declarados, etc. y que contribuyen al mantenimiento del poder adquisitivo del prejubilado.

Prolongación de la vida laboral

Teniendo en cuenta el aumento general de la esperanza de vida y mientras no exista disposición que obligue a jubilarse como un convenio colectivo es posible seguir trabajando luego de los sesenta y cinco años. La prolongación de la vida laboral se fomenta por el gobierno como reacción lógica al incremento de la longevidad y ofrece estímulos tanto para el trabajador como para la empresa. El trabajador mejora su jubilación futura, con un incremento de la pensión del 2 o 3 por ciento por año trabajado según su antigüedad como cotizante, y para la empresa existe la exención de las cuotas empresariales y del trabajador, excepto la IT.

Esta posibilidad es sólo el inicio de la reforma de la edad de jubilación fijada a finales del siglo XIX en sesenta y cinco años. La esperanza de vida y la salud de los jubilados se han incrementado en todo el mundo por lo que es lógico un retraso de la edad de jubilación. En España se ha aprobado en 2011 que la edad de jubilación será a los sesenta y siete años siguiendo una tendencia universal. Los sistemas públicos de protección social no pueden mantener económicamente las prestaciones para los grupos de jubilados en aumento, y la solución lógica es aumentar el período de cotización. Alemania ha previsto prolongarla hasta los setenta años con incrementos anuales. Francia lo ha anunciado y está pendiente de aprobar la norma y en Suecia, desde los años noventa, la jubilación se basa en acuerdos entre trabajadores y empresa.

5. PREVISIÓN PRIVADA

Aparte de las estructuras privadas de principios del siglo XX como las cajas de ahorro, las sociedades mutuales, los montepíos adaptados a la realidad presente de la Seguridad Social, existe una previsión privada importante para el riesgo de vejez materializada en los Fondos de Pensiones y en los Planes de Jubilación. En algún momento se ha definido la estructura de las pensiones futuras en tres elementos:

1. **Pensión universal de la Seguridad Social**, que cubre a todos los ciudadanos hayan o no contribuido al sistema.

2. **Pensión complementaria obligatoria**, diferenciada por sectores industriales y con aportaciones de trabajadores y empresarios.

3. **Pensión individual** libre de elaboración individual por cada trabajador según sus preferencias y necesidades.

Seguros

Existen diversas modalidades de seguros de vida que, al llegar a la jubilación, pierden su función y es posible rescatarlos o convertirlos en otro tipo de seguro de acuerdo con las necesidades del jubilado.

Mercado de capitales

El ahorro durante la vida activa tiene como uno de sus objetivos básicos la acumulación de capital e intereses monetarios para la jubilación. A partir de la misma, se dispone del capital, de los intereses o de una combinación de ambos para compensar la pérdida inevitable del poder adquisitivo de las pensiones. La administración pública fomenta el ahorro a través de medidas fiscales que desgraven el ahorro en la tributación de las rentas anuales, aunque algunas son meramente un aplazamiento de las obligaciones debidas. Existen diversas modalidades de ahorro. En algunas modalidades se prevé la cotización de la empresa y de los trabajadores asegurando la viabilidad de los ahorros para cumplir sus fines. La administración de las entidades es supervisada por el Estado para asegurar el cumplimiento de los objetivos de prestación social complementaria.

Planes de pensiones

Son un sistema de acumulación de aportaciones a un fondo gestionado para obtener rentabilidad que permita abonar prestaciones complementarias a la jubilación. Se trata de un ahorro cuyo plazo de percepción es la jubilación. Se incentiva con desgravaciones fiscales a las aportaciones realizadas. La percepción puede ser en forma vitalicia o devolución de capital más intereses con las correspondientes cargas fiscales, lo cual supone la anulación de las ventajas obtenidas al realizar las aportaciones. La limitación principal es la no disponibilidad del ahorro hasta la jubilación.

Patrimonio

Propiedad inmobiliaria

España es uno de los países de Europa con la mayor tasa de propietarios de vivienda-hogar (más del 90 por ciento para los mayores de sesenta y cinco años) y se explica por el valor tanto material como simbólico de la vivienda de propiedad. Se identifica con la seguridad y adscripción a la cultura ciudadana, se adquiere con el esfuerzo de varios miembros y confirma la adscripción del propietario a una comunidad con un patrimonio.

En los últimos años, la vivienda se ha revelado como un recurso material adicional para enfrentarse a los gastos de la ancianidad a través de la hipoteca reversible y de los préstamos sobre la vivienda. La vivienda en propiedad se ha convertido en un valor fijo que puede ser fuente de renta. La prolongación de la esperanza de vida ha originado mayores gastos para los jubilados y, por otra parte, los descendientes tienden a ocupar viviendas propias.

En las clases medias elevadas se ha producido la adquisición de viviendas como garantía de recursos futuros, ya que nunca en el último siglo la vivienda había reducido su valor. El valor de la vivienda no utilizada, alquilada o desocupada, siempre se incrementaba por encima de la inflación. El año 2008 se ha alterado la situación debido a la crisis por el exceso de vivienda construida y problemas para hacer frente a la hipotecas.

Otros activos

La jubilación es buen momento para plantearse la función de diversos activos y examinar su aportación en la nueva situación. Valores mobiliarios, acciones, depósitos en entidades financieras, libretas de ahorro. Tierras, negocios, colecciones, cualquier activo merece examinarse para considerar su función dineraria en la jubilación, ya que muchos activos relevantes al trabajar pueden perder su importancia al ser pensionista. Por ejemplo, un vehículo puede ser imprescindible para llegar al trabajo o para utilizarlo en gestión comercial pero en la jubilación, si no se utiliza, es solo una carga que puede evitarse.

Ingresos y gastos en la jubilación

Las pensiones son inferiores a los salarios, pero las necesidades son diferentes en la jubilación. Lo razonable es analizar ingresos y gastos y conseguir un presupuesto vital equilibrado. Si el presupuesto indica un déficit deben tomarse medidas para resolverlo sea reduciendo gastos, aumentando ingresos o consumiendo activos. Cada persona y familia constituye un caso único que debe analizarse particularmente, existen necesidades básicas, alimentación, vivienda y salud semejantes en el trabajo y en la jubilación, pero la forma y coste de satisfacerlas varía por lo que un análisis es indispensable si deseamos racionalizar las necesidades económicas.

Gastos que pueden reducirse:

   a. Relacionados con el trabajo

   Transporte público o privado. Vestido. Comidas fuera del hogar. Relaciones y atenciones sociales en el puesto de trabajo.

   b. Salud

   Fármacos proporcionados gratis por Seguridad Social.

   c. Hogar

   Reducción del número de familiares convivientes; independencia de hijos.

Amortización hipotecas y préstamos.

Gastos que pueden aumentar:

   a. Productos y servicios

   Normalmente lo hacen por encima del Índice de Precios al Consumo.

   b. Salud

   Fármacos y tratamientos no incluidos en Seguridad Social.

c. Hogar

Reparaciones estructurales y de equipos obsoletos.

Regreso al hogar de hijos y familiares con problemas: desempleo prolongado, divorcio.

d. Ayuda económica a familiares

Apoyo a familiares con problemas económicos: ERES, fin desempleo.

6. PRESUPUESTO EN LA JUBILACIÓN

Resulta imprescindible para planificar las necesidades y medios para satisfacerlas.

Conviene realizarlo conjuntamente con la persona con quien se convive y participa de ingresos y gastos para una decisión razonable.

Ingresos:

- Pensión de jubilación de Seguridad Social
- Otros ingresos de Seguridad Social
- Plan de pensiones individual
- Seguros de vida y jubilación
- Deuda del Estado
- Valores mobiliarios: acciones, obligaciones
- Inversiones en cajas y bancos: depósitos, cuentas corrientes y de ahorro
- Otras inversiones
- Negocios
- Otras fuentes de ingresos
- Venta de bienes
- Actividades profesionales
- Trabajo remunerado en cualquiera de sus formas

Gastos:

- Alimentos y bebidas
- Vestido, ropa, calzado y reparaciones
- Vivienda. Alquiler. Mantenimiento y reparaciones
- Servicios: agua, gas y electricidad
- Mobiliario, electrodomésticos y menaje. Reparación y sustitución
- Asistencia sanitaria. Médicos, farmacia y tratamientos
- Servicios profesionales. Legales. Económicos
- Transporte público y privado
- Teléfono, correo, informática
- Ocio, deportes, espectáculos. Cuotas fijas y variables
- Vacaciones
- Seguros personales, del hogar, vehículos
- Impuestos estatales, autonómicos y municipales
- Donativos y aportaciones a ONGs, colectivos religiosos y solidarios

La comparación entre ingresos y gastos proporciona un resultado con déficit o superávit. Si existe déficit se debe llegar a un equilibrio a través de la reducción de gastos o consumo de activos y conseguir un equilibrio.

VII
ECOLOGÍA. MEDIO AMBIENTE. HOGAR

La ecología es la ciencia que relaciona al hombre con el medio ambiente y sus elementos físicos y sociales. Ofrece una perspectiva interdisciplinar propia en la que participan ciencias naturales y sociales. Se ha desarrollado en el siglo XX para analizar y resolver la relación conflictiva de la población en crecimiento con el medio natural y material. La ecología es importante en la jubilación por el cambio del medio ambiente próximo del jubilado y su influencia en la calidad de vida.

El trabajador activo se realiza en ambientes variados, hogar, trabajo, comunidad, ocio; al jubilarse desaparece el ambiente del trabajo que ocupaba la mayoría de sus horas y aumenta el tiempo en el hogar y aparecen otros posibles ambientes.

1. MEDIO AMBIENTE Y SUS NIVELES

Medio ambiente general o macroambiente

El medio ambiente rodea a la persona con diferente nivel de influencia en su actividad, lo que ha motivado una clasificación de los diferentes ambientes. El ambiente general o macroambiente afecta a todas las actividades y ciudadanos, se compone del clima, edificios, viviendas, infraestructuras, transportes, equipamientos y servicios de la comunidad. El macroambiente es muy diferente en el campo que en la ciudad donde la densidad de población, la contaminación y los desplazamientos plantean problemas específicos muy complejos. La urbanización constituye una tendencia universal en todos los países, desarrollados o no, (se estima que en 2050 la mayoría de la población mundial vivirá en ambientes urbanos) y exige respuestas a los problemas de relación con el medio urbano.

Los urbanistas, arquitectos y sociólogos se ocupan desde principios del siglo pasado del medio ambiente en el diseño de las nuevas ciudades y reforma de las existentes. Sin embargo, las soluciones no son definitivas ni claras. Por ejemplo, en un tema clave como la distribución de la población en el espacio, concentración o dispersión, domicilios unifamiliares o rascacielos, las tendencias se basan más en la preferencia individual que en la racionalidad. No existe acuerdo definitivo y un elemento aparece claro: la limitación del espacio en las ciudades y la cantidad de población de las mismas exige soluciones nuevas.

Medio ambiente comunitario o mesoambiente

En las zonas urbanas, los contactos diarios se realizan del hogar al vecindario, barrio o zona próxima accesible a pie, evitando los desplazamientos públicos o privados que consumen tiempo, variable clave en la vida moderna. La vecindad accesible sin transporte es el referente comunitario para el medio ambiente próximo en el que se producen la mayor parte de las actividades y contactos sociales diarios. La Administración municipal descentraliza los servicios públicos al espacio próximo para evitar desplazamientos y satisfacer con eficacia las demandas de los vecinos entre los que se hallan las personas mayores.

La planificación y ordenación es pública pero debería incluir la participación de los habitantes a través de representantes municipales. Los ayuntamientos organizan dentro de los planes generales las obras concretas de los barrios, su infraestructura de proximidad, gestión de los espacios y edificios públicos, aceras, mercados, edificios comunitarios para el mejor servicio a los habitantes

Medio ambiente hogar o microambiente

La persona nace en un medio ambiente físico y social, el hogar de sus padres que configura su vida hasta que con su pareja decide formar el propio. El espacio en el hogar urbano tiene un precio y mayores limitaciones que en el hogar rural. Lo ideal sería que cada miembro de la familia tuviera un espacio propio, su habitación en la que pudiera dormir, estudiar, trabajar y mantener su intimidad. En la práctica, las habitaciones se comparten con hermanos o, incluso, con abuelos en las etapas iniciales de las migraciones campo-ciudad o cuando hijos desempleados retornan al hogar de los padres.

El tamaño del primer hogar se situaba antes en torno a los 100 metros cuadrados.

El desarrollo económico de los setenta y ochenta propicia una mejora de los hogares que dura hasta la crisis del año 2008, pero con la crisis económica aparecen viviendas reducidas a 40 o 50 metros cuadrados, y además muchas parejas renuncian a un hogar independiente o deben regresar por el desempleo al hogar de sus padres.

El hogar familiar se considera el espacio de mayor intimidad y protección para el individuo y su familia, medio ambiente en el que nadie puede entrar sin autorización del titular. La Constitución española lo declara inviolable, nadie puede entrar sin permiso del ocupante (art. 15.2) salvo con mandamiento judicial que autorice la entrada.

El hogar de origen en el que se nace influye en nuestro desarrollo y oportunidades sociales, escuela, comunidad, como lo hace el hogar de destino de las nuevas familias.

Ambiente general y proximal en el hogar

En el hogar se pueden distinguir dos ambientes: el general de la vivienda con sus equipamientos comunes: salón, recibidor, comedor y cocina, que afecta a todos los residentes pero tiene espacios individuales, y el personal o ambiente proximal que rodea y está en contacto directo con el sujeto: habitación, cama, sillón, mesa de trabajo y no comparte normalmente con los demás residentes.

El ambiente proximal tiene gran importancia al envejecer y para la persona con limitaciones, ya que requiere adaptaciones facilitadoras de las actividades de la vida diaria, que proporcionan calidad de vida y evitan la institucionalización. El ambiente proximal comprende una variedad de emplazamientos según las limitaciones, cama, sillón personal, mesas, partes del baño y todos los aditamentos, ayudas técnicas que facilitan las actividades de la vida diaria. El ambiente proximal para ser más efectivo se diseña a medida de cada persona aunque se parta de patrones comunes. La terapia ocupacional es la profesión que elabora los equipamientos, ayudas técnicas y adaptaciones para maximizar la competencia de las personas con limitaciones en el hogar y en cualquier ambiente.

2. ACCESIBILIDAD, DISEÑO UNIVERSAL Y NO DISCRIMINACIÓN

La Constitución española y leyes que la desarrollan establecen la igualdad de los ciudadanos en sus derechos, sea cual sea su condición personal o limitación. La accesibilidad universal de todos los ciudadanos a los servicios públicos es un requisito legal según la Ley 51/2003 del mismo nombre y que se complementa con diferentes leyes autonómicas.

La accesibilidad universal se desarrolla a través del diseño universal cuyo principio es que todos los objetos, productos, servicios e infraestructuras deben ser accesibles a todos los ciudadanos, aunque tengan limitaciones.

La población con limitaciones al movimiento ha crecido en las últimas décadas debido al envejecimiento, al progreso de la medicina y a la rehabilitación que posibilitan la supervivencia de ciudadanos que antes morían.

La Ecología urbana procura el mejor medio físico para todos los ciudadanos, y dado el incremento del número de personas limitadas, los ayuntamientos diseñan equipamientos públicos para sus necesidades específicas, residencias, centros de día, parques, transportes, por exigencias legales y políticas, ya que los ciudadanos limitados y/o jubilados superan en número a los jóvenes y votan más que ellos.

La intervención pública se ocupa de las obras nuevas, así como de los múltiples equipamientos existentes con barreras arquitectónicas, en especial en zonas históricas de ciudades antiguas cuya rehabilitación ha originado una especialización en arquitectura, diseño sin barreras.

Hogar y dinámica social

El hogar ha cumplido desde los orígenes de la humanidad una variedad de funciones: protección frente a los elementos atmosféricos, marco de relaciones sociales, defensa de la privacidad, identificación de un estatus social, etc. Normalmente se nacía en el hogar de la familia de origen y se moría en otro, el de la familia de elección que se mantenía durante toda la vida y era la propiedad más importante que adquirían y transmitían las familias. España ha sido la nación con el mayor porcentaje de hogares en propiedad de Europa debido a las migraciones interiores y a la política del gobierno de facilitar el acceso a la vivienda para garantizar la estabilidad social. La propiedad fomenta la conservación del patrimonio y el conservadurismo de las ideas.

La dinámica social actual ha modificado la importancia de la propiedad del hogar familiar, sea por la dificultad de acceder al mismo si el empleo es precario o por la fragilidad de los vínculos familiares y ha abocado a muchas parejas al alquiler.

Por otra parte, la tradicional transmisión del hogar a los hijos, con frecuencia no se materializa, pues ellos tienen sus propios hogares. Sin embargo «las piedras» siempre tienen valor y raramente se deprecian por lo que han sido secularmente un refugio del patrimonio frente a la inflación. Hoy aparece otra función económica del hogar para sus propietarios, ser una fuente de ingresos para incrementar pensiones que no cubren las necesidades de los jubilados cuyas demandas de bienes y servicios aumentan. Aparecen fórmulas de licuación del patrimonio inmobiliario como la hipoteca pensión o reversible que permite seguir en la vivienda habitual y recibir ingresos a cuenta de su valor.

Estos instrumentos facilitan rentas temporales o vitalicias a los propietarios sobre la base de su esperanza de vida y a la valoración de los inmuebles. En cualquier caso, si se desea recuperar los inmuebles hipotecados, los descendientes pueden hacerlo redimiendo las cargas existentes.

Esta alternativa se ha visto potenciada por las actitudes de muchos hijos quienes consideran justo que los padres perciban el fruto de su propiedad en vida, en vez de trasmitirla a sus descendientes.

3. HOGAR Y JUBILACIÓN: ESTABILIDAD O CAMBIO

La respuesta a esta pregunta por parte de las personas mayores en España es mayoritariamente envejecer en la residencia habitual por razones obvias, salvo que existan causas importantes para el cambio como puede ser la delincuencia, nuevos residentes con los que no se relacionan, transformación de los usos del barrio, degradación ambiental, etc.

El cambio del medio ambiente habitual del hogar y/o barrio supone una alteración de hábitos establecidos y de la continuidad de relaciones con vecinos y del estilo de vida. Por eso, al envejecer se desaconseja por los profesionales de la salud y los servicios sociales. Ya lo decía el refrán clásico:

«Al viejo múdale el pesebre y te dará el pellejo».

En la vejez los cambios son perjudiciales pues suponen nuevos aprendizajes con esfuerzos añadidos. Sin embargo, en muchos países desarrollados se plantea normalmente la alternativa.

Jubilación ¿Nueva residencia o estabilidad?

Cuando la residencia se hallaba ligada al lugar del trabajo como directivos y técnicos de empresas, profesores, funcionarios, etc., la pregunta es evidente y supone un ajuste a la nueva condición de jubilado que se revisa globalmente, incluyendo la vivienda, que no requiere estar próxima a un trabajo que ya no existe.

En principio, la jubilación no tiene que modificar el lugar de residencia, pero pueden existir factores que planteen la alternativa. Los trabajadores inmigrantes del campo en las ciudades industriales y que mantuvieron la propiedad de sus viviendas son un grupo de personas que se han planteado el retorno a sus lugares de origen. El retorno definitivo al hogar originario en el campo no es frecuente pues durante la vida laboral se han establecido en el destino urbano estructuras familiares permanentes que se desea conservar. El hogar de origen se convierte en algunos casos en residencia secundaria para reuniones familiares de varias generaciones en vacaciones, pero el retorno cuando existe suele ser temporal.

Gari y Moragas analizaron en un proyecto europeo la movilidad de trabajadores rurales migrados a la ciudad de Huesca desde el área próxima de la Hoya, regresados a su hogar rural al jubilarse. Su conducta era semejante a la de otros trabajadores europeos. Se mantenían varios años en el hogar rural de origen hasta que aparecían las limitaciones y volvían a la ciudad debido a la proximidad de sus familias y la mayor posibilidad de asistencia sanitaria y social.

Factores en la estabilidad o cambio del hogar tras la jubilación

Son diversos y puede reproducirse el concepto de Calidad de Vida global con que se iniciaba este documento en sus tres elementos: Salud, dinero y amor, ya que los tres influyen directamente en la decisión de mantener o no el hogar o dirigirse a uno nuevo.

Salud Física

Calidad del medio ambiente. Aire. Ruido. Parques y jardines. Centros de asistencia sanitaria. Hospitales. Residencias. Centros de día. Locales deportivos: campos, gimnasios, piscinas.

Dinero

Oferta de bienes y servicios. Nivel de precios, descuentos y ofertas. Coste de la vida en el barrio. Transportes. Centros comunitarios. Administración pública.

Amor

Escuelas. Centros sociales, ocio y deporte. Instituciones culturales. Residencias geriátricas. Seguridad personal y comunitaria. Densidad de población. Previsión de la conducta de los hijos: estado matrimonial y abandono del hogar, retorno por dificultades, etc.

Un análisis de los factores y sus consecuencias en los diversos miembros de la familia en el presente y a varios años vista es un requisito para enfrentarse a la alternativa estabilidad o cambio del hogar.

4. MIGRACIONES DE JUBILADOS

Un caso de movilidad residencial fruto de la jubilación se produce en la migración temporal o permanente de habitantes de localidades con climas fríos a latitudes más cálidas para mejorar su calidad de vida. El clima templado tiene evidentes ventajas fisiológicas en todos los aparatos y sistemas para minimizar las consecuencias del envejecimiento en especial en el sistema musculoesquelético, artrosis y limitaciones relacionadas. El clima templado facilita el ejercicio físico en el exterior, los paseos y contactos con una naturaleza amable y las relaciones sociales espontáneas.

El traslado de jubilados a climas templados se originó en las localidades más frías de Estados Unidos vecinas de Canadá hacia los estados del Sur, Arizona, Nuevo México, Florida, y por ello fueron llamados «*snow birds*» o pájaros de la nieve de la que huían y regresaban a sus lugares de origen con el calor para mantener los contactos familiares y controles sanitarios.

Las migraciones inicialmente temporales se han convertido en definitivas, debido a la calidad de vida y a la mejora de los servicios sanitarios y sociales en los lugares templados de destino. En algunos casos, como la famosa clínica Mayo de Minnesota, las instituciones han seguido a los jubilados y establecido sus servicios asistenciales en Arizona y Florida facilitando el asentamiento permanente de los jubilados. La reducción del coste de los vuelos también ha facilitado las visitas temporales periódicas a sus orígenes o el de hijos a los padres, y actualmente existen comunidades de jubilados en zonas de clima templado de todo el mundo.

En Europa el fenómeno se ha reproducido en las migraciones de Gran Bretaña, Centro y Norte de Europa al Mediterráneo, Francia, Italia, Grecia y España. Aparte del clima, en el pasado existía la razón económica del favorable diferencial de los niveles de pensiones en los países de origen y del coste de la vida en los de destino. Actualmente las diferencias son menores, pero como afirman los ingleses: «por el coste de la calefacción en Gran Bretaña durante el invierno puede alquilarse un apartamento en Benidorm, y las articulaciones lo agradecen».

Las migraciones de jubilados hacia el Mediterráneo Sur: Marruecos, Túnez, Argelia ya han comenzado con estancias temporales y ofertas inmobiliarias. Si se proporcionan servicios sanitarios y sociales adecuados será un destino preferente debido al clima y a la diferencia del coste de la vida.

Las migraciones de jubilados de Europa al Mediterráneo se iniciaron hace treinta años para todas las clases sociales, siendo España un ejemplo de localización residencial con problemas iniciales de asistencia sanitaria y social que se han ido resolviendo.

En el Hospital Costa del Sol existe actualmente un servicio permanente de tres traductores para facilitar la asistencia a los extranjeros.

El coste de la asistencia a los comunitarios se resuelve con la facturación a la Seguridad Social de cada asistido, pero existen problemas con los trámites y efectividad de los pagos. Hace pocos años ha surgido el turismo médico de extranjeros que, conocida la calidad de nuestros servicios sanitarios, acuden a España para intervenciones quirúrgicas que no pueden realizar en sus países. Se requiere una legislación comunitaria clara y efectiva, evitar abusos y establecer criterios para financiar el coste de las intervenciones y que no supongan una discriminación para ciudadanos españoles en lista de espera.

Aparece también en las grandes ciudades con centros sanitarios acreditados una oferta de medicina privada para extranjeros de clase económicas elevada, a semejanza de lo que sucede en países asiáticos que ofertan medicina de calidad para ciudadanos de países desarrollados.

5. VARÓN Y MUJER JUBILADOS EN EL HOGAR

Varón jubilado y hogar

Los roles familiares no cambian al jubilarse pero sí cambia la relación del varón con el hogar, ya que tiene mayor tiempo para estar en él y ello puede interferir con los hábitos del cónyuge. Su relación es diferente de la que tenía cuando trabajaba, pero con frecuencia no se refleja en su conducta que sigue siendo la misma: abandono del hogar la mayor parte del día y regreso para las comidas. La ausencia de trabajo se llena de actividades que sustituyen a las horas dedicadas antes al trabajo. Esta situación no es lógica ni consecuente con la mayor disponibilidad de tiempo, pero se origina para evitar cuando no se desea o no le piden participar en el hogar. Se trata de mantener la rutina horaria anterior y adaptarse para que la abundancia de tiempo no genere angustia. Es el caso de los jubilados que sustituyen el horario de trabajo por el del centro social en el que pasan la totalidad de horas que permanece abierto.

El jubilado carece de horarios fuera del hogar, y lo prudente es una reorganización de los roles familiares para darle una participación efectiva que para el hombre suele ser la compra y suministro de materiales, limpieza y mantenimiento. Resulta menos frecuente la preparación de las comidas, salvo que existiera ya una predisposición para ello antes de la jubilación.

En cualquier caso, el tiempo disponible del jubilado que convive en pareja no le pertenece solo a él y debe distribuirse razonablemente entre ambos miembros para conseguir la satisfacción mutua.

Mujer y jubilación del esposo

Trabaje o no fuera del hogar, la mujer nunca se jubila, la casa constituye su dominio básico por tradición cultural y por facultades naturales para organizarla. Cualquier hogar requiere decenas de decisiones diarias para la vida, los suministros, la supervivencia de sus miembros y la continuidad de las funciones materiales. Aparte de la compra y suministro de los materiales, preparación de las comidas, limpieza y lavado, funciones imprescindibles en cualquier hogar, la mujer proporciona elementos intangibles de cohesión, expresión emocional para sus miembros que el sexo femenino realiza naturalmente.

La jubilación del marido supone una novedad en la organización doméstica que debe planificarse para mantener la calidad de vida de todos los familiares, y ello requiere análisis y decisiones compartidas. En muchos trabajos actuales, el varón está ausente durante la semana por obligaciones laborales, viajes y solo duerme en casa los fines de semana; la jubilación supone realmente un cambio en los ritmos vitales de ambos. La mayor carga la recibe la esposa que ve invadido su espacio por una presencia nueva, y ello requiere acuerdos concretos sobre el uso del hogar por ambos. A veces la jubilación supone el descubrimiento mutuo de ambos ya que durante la vida laboral no había tiempo para profundizar en la relación mutua. Este descubrimiento puede ser como en cualquier relación humana madura positivo o negativo, pero representa un reto que no se puede despachar aplicando conductas de la vida laboral.

En los procesos de prejubilación forzosa de varones muy activos en el trabajo resulta frecuente la ruptura de parejas que, acostumbradas a una rutina de matrimonio de fin de semana, no soportan la permanencia conjunta de ambos en el mismo espacio físico.

6. ADAPTACIÓN Y REFORMA DEL HOGAR

La jubilación puede ser una oportunidad para la reforma y adaptación del hogar que se había retrasado pero era necesaria. Si los hijos han abandonado la casa y se plantea el uso de espacios vacantes, la jubilación constituye una excelente ocasión para la reforma y adaptación del hogar luego de una decisión conjunta sobre necesidades y usos alternativos del espacio vacante.

Las obras pueden comprender:

- Espacio para el varón que no lo requería cuando trabajaba y que ahora necesita un espacio personal y/o prevé una actividad.
- Dormitorios para nietos y/o hijos ocupantes temporales o permanentes.

- Iluminación y revisión de la instalación eléctrica para nuevos usos y economía: accesibilidad de enchufes, supresión de conexiones y cables externos, etc.
- Eliminación de obstáculos con riesgo de caídas: alfombras, pasillos sin iluminación.
- Baños: sustitución de bañeras por duchas, renovación de pavimentos para evitar deslizamientos y caídas. Instalación de agarraderos y barandillas.
- Cocinas: sustitución de electrodomésticos, griferías, cocinas. Instalación de extractores y medidas de seguridad para gas, agua y electricidad.
- Entradas y recibidores: accesibilidad y supresión de obstáculos.

7. LEY DE LA DEPENDENCIA: CATÁLOGO DE SERVICIOS

La preferencia por envejecer en el hogar ha propiciado su equipamiento para facilitar calidad de vida al jubilado y evitar el internamiento en instituciones. En España el catálogo de servicios públicos lo establece la Ley de la Dependencia, ya que la mayoría de la población desea envejecer en casa; para facilitar esta preferencia se reseñan los servicios en su artículo 15, según la siguiente clasificación:

Teleasistencia

Basado en las tecnologías de la comunicación para situaciones de emergencia, aislamiento y apoyo personal. Consiste en un mecanismo de control permanente de la persona a través de un terminal que lleva siempre en forma de pulsera o collar conectado a través del teléfono fijo a una central de teleasistencia. La central puede establecer comunicación en doble sentido con el usuario y éste con la central pulsando el terminal a través de un altavoz, sin necesidad de acudir al teléfono.

Facilita el control de la persona durante 24 horas y todos los días del año por lo que constituye el mecanismo más completo de supervisión de la persona en tiempo real.

Proporciona seguridad permanente para emergencias médicas, caídas, situaciones especiales con la garantía de que serán atendidas desde la central que las clasifica según necesidades. Atiende por teléfono, contacta con un familiar o vecino autorizado para que acuda al domicilio o envía, si la situación lo requiere, un equipo de asistencia a domicilio para lo que dispone del permiso y llave para acceder.

Es un servicio muy eficiente para atender a personas que viven solas, quienes saben que en caso de necesidad están permanentemente atendidas. Ha experimentado un crecimiento espectacular por sus excelentes prestaciones y coste reducido, por lo que diferentes administraciones lo financian y evitan atenciones sanitarias e ingresos de urgencias sanitarias y sociales innecesarias. Las aseguradoras de salud privadas lo incorporan como mecanismo preventivo y de apoyo con diferentes niveles asistenciales.

Aparte de las emergencias, la teleasistencia puede facilitar el control del consumo de fármacos, el recordatorio de acontecimientos familiares, onomásticos, cumpleaños, etc. y por ser parte de las

TIC (Tecnologías de Información y Comunicación) está destinado a ampliarse con prestaciones como la telemedicina, control de constantes vitales a través de la telefonía, integración de servicios médicos, enfermería, farmacología, fisioterapia a domicilio a través de ordenadores personales y terminales de audio y video.

Servicio de Ayuda a Domicilio (SAD)

Ofrecidos para la atención de las necesidades domésticas, limpieza, lavado, cocina y atención personal para las Actividades de la Vida Diaria (AVD).

En caso de que dichos servicios no puedan ser prestados directamente se otorga una prestación económica al dependiente para que contrate el servicio en la familia o externamente.

Asimismo se facilitan las ayudas técnicas personales y el equipamiento del hogar para realizar obras e instalaciones que faciliten las AVD en el domicilio habitual y eviten el internamiento institucional.

Centros de día

Son centros de día o noche aquellos que ofrecen atención a personas con necesidades específicas, sea por dependencia o situación social, o para servir a todos los miembros de una comunidad con necesidades. Las variedades de centros de día responden a la diversidad de demandas de cada comunidad, normalmente incluye alguna o varias comidas, higiene personal, actividades, transporte, ocio, educación, relación social, etc. Con frecuencia los centros de día comienzan dando servicios en instalaciones cedidas por otra institución y, cuando se confirman y amplían las demandas del servicio, establecen su propio centro.

Servicio de atención residencial

El lugar de institucionalización de los mayores ha evolucionado desde el asilo del siglo XIX a las modernas instituciones de larga estancia. El asilo era un espacio aislado en el que se concentraba a los que necesitaban protección mientras que las modernas residencias deben ser centros de atención integral de todas las necesidades de la persona, físicas, psíquicas y sociales, y establecer relaciones con la familia y la comunidad.

La gama de residencias es muy variada como son las demandas de la población que envejece. En pequeñas comunidades, las residencias admiten a una variedad de personas con demandas diferentes; en ciudades, las residencias se especializan según los perfiles de residentes.

La ley prevé la institucionalización de las personas mayores cuando los otros servicios no satisfagan sus necesidades y no sea posible el mantenimiento en el domicilio.

En el pasado se había considerado la residencia como el destino final de gran parte de la población que envejece. Actualmente ningún país llega al 10 por ciento de los mayores de sesenta y cinco años en residencias por lo que se debe considerar la excepción. En algunos países se ha reducido legalmente la institucionalización de las personas mayores por razones técnicas y económicas.

8. ALTERNATIVAS AL HOGAR UNIPERSONAL

Hogar multifamiliar u hogar compartido

En él residen varias familias por necesidades temporales o permanentes y se considera una excepción a lo normal de un hogar familiar de una o varias generaciones. Es un caso frecuente en situaciones de crisis económica y desempleo de los titulares que no pueden afrontar sus obligaciones y se acogen a la solidaridad familiar de padres, hermanos, parientes, etc. En principio se trata de una situación temporal aunque puede consolidarse en el tiempo si no encuentran empleo los nuevos ocupantes.

Una variedad de hogar compartido que comienza a desarrollarse es la reunión de varias personas, en general mujeres solteras o viudas que vivían solas en sus hogares con sus gastos individuales y que unidas por alguna afinidad, religiosa, profesional, amistad, afición deciden agruparse para vivir juntas y dividir el coste de la residencia. El factor clave es un nexo de unión intenso que facilite la convivencia y potencie las ventajas de la vida en común, la reducción de los gastos y, en suma, la mejora de la calidad de vida global.

El nexo de unión intangible en la residencia compartida puede ser pertenecer a la misma clase socioeconómica, participar de las mismas creencias o aficiones y compartir valores que promuevan la vida en común, faciliten las relaciones sociales y reduzcan el potencial de conflicto personal. La residencia compartida reduce los gastos generales de limpieza, lavado, impuestos, comida y permite la contratación de auxiliares del hogar para estas funciones que no podían financiarse individualmente con el resultado final de mejora de la calidad de vida global de sus miembros.

Apartamento tutelado

Como indica su nombre son unidades de tamaño limitado (30-50 metros cuadrados) integradas o no en un conjunto residencial que proporcionan una supervisión y servicios a los ocupantes. Los servicios oscilan entre los básicos de seguridad, garaje, portería hasta restauración, limpieza y mantenimiento, lavado, enfermería, visita médica y un hospital de referencia para urgencias médicas, actividades sociales, transporte, asesoría psicológica y espiritual. Los conjuntos se hallan con frecuencia en el exterior de las ciudades buscando un medio ambiente saludable con parques, jardines, ausencia de ruidos, lo cual motiva la necesidad de transporte propio para acceder a la ciudad.

El transcurso del tiempo motiva el incremento de la dependencia de los residentes y su traslado a instituciones más adecuadas a sus necesidades como las residencias. Aquí aparece el principio del «continuo asistencial» que identifica las necesidades de la persona en cada momento de su ancianidad y establece el recurso más adecuado para satisfacerlas.

Hogar de acogida familiar

Son hogares que acogen como a un miembro de la familia a personas solas con las que no existe relación de parentesco, siendo compensados por los servicios sociales. Resulta una solución útil para mantener a la persona en un medio familiar, con vecinos o conocidos, con lo que se evita el desarraigo del traslado a un nuevo ambiente. Ha tenido éxito en medios rurales.

Hogar y atención sanitaria primaria. El hospital en casa

La atención al enfermo en el hogar ha sido reciente, ya que en caso de enfermedad lo habitual era trasladarlo al centro sanitario local, dispensario en casos leves y hospital para los más graves. El desarrollo de la sanidad pública propició la asistencia a domicilio como una forma de atención personalizada y para atender a la salud más efectivamente y prevenir la enfermedad, ya que la mayoría de las enfermedades podían atenderse por el médico generalista. El hospital se reservaba para las enfermedades o intervenciones que requerían equipos complejos y personal especializado.

El coste de la asistencia hospitalaria y el deseo del enfermo de regresar al hogar llevaron a establecer el hospital de día, adonde acude el enfermo para recibir ciertos tratamientos como fisioterapia, diálisis, exploraciones, etc. aunque resida en su hogar. Cuando dichos tratamientos se realizan a domicilio por desplazamiento del profesional o de los equipos aparece la hospitalización a domicilio o medicalización del hogar.

Las TICs facilitan la aplicación de las técnicas hospitalarias en el hogar a través de sistemas informáticos y telemedicina, lo cual requiere cierta formación por parte de los usuarios enfermos. En la actualidad muchas aplicaciones de la telemedicina no pueden extenderse por la barrera digital o falta de formación de los pacientes mayores y sus familiares en informática, lo cual no será cierto en las próximas generaciones educadas virtualmente desde la enseñanza primaria.

VIII

SALUD, ENFERMEDAD Y JUBILACIÓN

1. TRABAJO Y SALUD

¿Es el trabajo bueno o malo para la salud?

Las variedades del fenómeno impiden una generalización. En la tradición cristiana del trabajo como carga (*tripalum*, etimológicamente un instrumento de tortura) se consideraba para el hombre un castigo por el pecado original; para la mujer el castigo era parir con dolor. Aun con el parto, la mujer siempre ha trabajado en casa o fuera del hogar. Lo novedoso en el último siglo es que, si lo hace fuera, se le paga y consigue una autonomía económica única en la historia.

El trabajo ha tenido desde sus orígenes consecuencias negativas sobre la salud, por haberse realizado en malas condiciones. Con la revolución industrial se inicia la legislación protectora de la salud física. Los sindicatos y las políticas sociales consiguen que hoy el trabajo origine menos accidentes y enfermedad que en el pasado.

Sin embargo, existen problemas psíquicos. El esfuerzo físico se traslada a maquinaria compleja que debe amortizarse rápidamente. Desaparece la fatiga física pero aparece en el puesto el estrés del tiempo para cumplir funciones complejas. El trabajo sigue siendo un riesgo para la salud, debido a la productividad y el rendimiento por encima de cualquier otro objetivo. El esfuerzo físico puede haber desaparecido pero el estrés para conseguir unos objetivos productivos crecientes sigue existiendo y la salud se resiente. La propia legislación protectora reconoce la existencia de riesgos psicosociales en el trabajo, los clasifica, forma a técnicos para que los identifiquen y los eliminen.

Salud y enfermedad son términos utilizados desde hace miles de años como sinónimos del bienestar humano o de su ausencia. Si existe enfermedad no puede existir salud, aunque los grados de ambas sean relativos y definidos subjetivamente. Una enfermedad puede suponer para alguien una molestia que no le impida trabajar y, para otra persona, la misma enfermedad una incapacidad absoluta para el trabajo.

La resistencia de los organismos no es uniforme, debido a diferencias genéticas originales y ambientales. Aparte de la diversa resistencia orgánica existe la diferente sensibilidad psíquica frente a la enfermedad. La percepción psíquica de la enfermedad es más variada incluso que las diferencias orgánicas, debido a que se basa en procesos mentales y reacciones emocionales individuales. Dos personas con la misma enfermedad experimentan el dolor con diferente intensidad y consecuentemente sus reacciones son también diversas.

La enfermedad y la salud afectan no solo al cuerpo, sino también al psiquismo y a las relaciones sociales, lo cual llevó a la Organización Mundial de la Salud a presentar su definición de salud en 1946 como: «estado de bienestar físico, mental y social y no solo de ausencia de enfermedad».

Esta definición reconoce formalmente la complejidad de la salud que no puede restringirse al cuidado del cuerpo y debe incluir factores psíquicos y sociales.

Para identificar objetivamente la enfermedad existen dos fuentes que las detallan:

- La Clasificación Internacional de las Enfermedades (CIE) publicada en España por el Ministerio de Sanidad en su 5ª edición en 2006.

- El Manual diagnóstico y estadístico de enfermedades mentales de la Asociación Psiquiátrica de Estados Unidos en su 4ª edición (DSM IV por sus siglas en inglés).

La dinámica social amplía continuamente la clasificación de las enfermedades mentales originadas por factores psicosociales.

Entre los trastornos biográficos, figuran en el manual los problemas relacionados con la jubilación y otras etapas vitales y se reconoce por primera vez formalmente que la jubilación puede ser causa de enfermedad.

2. JUBILACIÓN, SALUD Y ENFERMEDAD

Jubilación e invalidez

Al envejecer, el trabajo supone un mayor riesgo para la salud por las inevitables pérdidas funcionales, las cuales pueden originar invalidez y ser causa de jubilación. La relación invalidez-jubilación es evidente y ha sido una constante en todos los sistemas de protección. El envejecimiento reduce el potencial funcional y es más difícil realizar el trabajo por lo que la jubilación se ofrece como alternativa lógica.

La jubilación por invalidez tiene una dimensión económica importante, ya que la cuantía de la prestación por invalidez es mayor que por jubilación normal por edad y el período de cotización menor. En el pasado muchas solicitudes de pensiones de invalidez no respondían a limitaciones reales, sino que eran una forma de conseguir la jubilación o mejorar una con escasa cuantía. En algunas regiones la situación era tan absurda que se jubilaban más trabajadores por invalidez que por edad.

Aun sin invalidez, muchos trabajadores adelantan su jubilación conscientes de sus limitaciones por el envejecimiento y de su dificultad para adaptarse a las nuevas condiciones del trabajo. El envejecimiento y sus consecuencias en el organismo y en la mente son una causa evidente de jubilación.

La pregunta estratégica es: «¿Se jubila porque está enfermo o enferma por jubilarse?».

Existe un grupo de jubilables que lo hacen porque están enfermos o limitados y este es el grupo donde la enfermedad es causa de jubilación debido a la incapacidad para el trabajo. La ley clasifica la incapacidad para el trabajo según su gravedad en grados y otorga prestaciones económicas en relación con esta: parcial, total para el trabajo habitual, absoluta para todo trabajo y gran invalidez cuando el trabajador necesita ayuda de otra persona para los actos básicos de la vida o Actividades de la Vida Diaria (AVD): vestido, aseo, movilidad, alimentación, etc.

Jubilación y enfermedad

Por otra parte, durante la jubilación aumenta la probabilidad de enfermar, ya que el propio envejecimiento, con o sin trabajo, es el factor de riesgo. Trabajador o jubilado, al envejecer se tienen mayores probabilidades de enfermar. El tiempo acumulado disminuye la capacidad del organismo para hacer frente a las agresiones del medio ambiente, a los virus a las agresiones vitales y a mantener la homeostasis o equilibrio con el entorno. Al envejecer, el equilibrio se altera, se necesita más tiempo para recuperarlo y se tienen mayores probabilidades de perderlo. El vivir supone un mayor riesgo en el organismo anciano que en el joven.

La estrategia para mantener la salud y evitar la enfermedad consiste en adoptar un enfoque preventivo en toda actividad, mantener a cualquier precio el equilibrio orgánico y evitar el menor ataque a la salud. Este enfoque es radicalmente diferente del que siguen los jóvenes, quienes no consideran la prevención necesaria, ya que si enferman, recuperaran el equilibrio rápidamente.

¿Qué efectos produce la jubilación en la salud? ¿Se confirma que la jubilación es una etapa de merecido descanso? ¿Puede la jubilación originar por sí misma enfermedad? Para responder a estos interrogantes se han revisado dos estudios realizados recientemente por el GIE (Grupo de Investigación sobre el Envejecimiento, Parque Científico de la Universidad de Barcelona). En ambos se recogieron las respuestas de médicos de Atención Primaria y de los propios jubilados. El primero se realizó en Cataluña y el segundo en toda España.

Los médicos de Atención Primaria indican que la mayoría de los jubilados experimentan reacciones negativas respecto a la jubilación.

La existencia de dos estudios para analizar los efectos de la jubilación sobre la salud refuerza las conclusiones, que son semejantes con pequeños matices.

Clasificadas en el estudio las consecuencias en físicas, psíquicas y sociales, entre las físicas aparecen el insomnio, la hipertensión, los trastornos digestivos y patologías cardiovasculares.

Las reacciones psíquicas a la jubilación son ansiedad, pesimismo, depresión, reducción de la libido. Entre las consecuencias sociales aparecen la pérdida de relaciones sociales y soledad.

Esta evidencia se ve confirmada por la opinión de los que han tardado meses en adaptarse a la jubilación; un 20 por ciento han tardado años o aún no lo han conseguido.

Esta realidad destruye la benévola visión de la jubilación como la etapa del «merecido descanso» para conseguir la «autorrealización» que no se pudo alcanzar mientras se estaba trabajando. El enfoque positivo de la jubilación como etapa vital es encomiable desde la política social de cualquier gobierno, pero la realidad no lo confirma. Los hechos no ratifican que la jubilación sea una etapa en general positiva; puede y debería serlo, si se prepara adecuadamente, pero ahí radica el interrogante, actualmente tan solo una minoría se prepara. En una buena política social que busque la mayor calidad de vida para todos los ciudadanos en cualquier etapa vital, los gobiernos deberían ocuparse de que la jubilación fuera una etapa vital positiva.

Ventajas de una jubilación con salud

1. Calidad de vida de los trabajadores jubilados, que con su trabajo y cotizaciones han contribuido al desarrollo de la nación.

2. Interés político, por su valoración directa de las políticas que les conciernen y su mayor participación electoral.

3. Ahorro a la sanidad pública de los costes del envejecimiento que suponen más de la mitad del gasto total en salud.

En otras etapas vitales (educación, trabajo), el tránsito de una etapa a otra se prepara cuidadosamente y existen profesionales de la educación y las ciencias sociales que facilitan el cambio. La orientación de los sujetos se halla formalizada y sin coste para los mismos y existe la cultura de que cada nueva etapa vital requiere una orientación y un estilo de vida con calidad que todo ciudadano debe conseguir. Nada de esto acontece en la jubilación, etapa huérfana de profesionales que orienten para la calidad de vida, salvo en los aspectos económicos. En la jubilación cada trabajador debe resolver solo sus interrogantes, sin apoyos institucionales o profesionales sólidos.

Variedad de la jubilación

La etapa de la jubilación es tan diversa como los sujetos que la componen. Las Ciencias Sociales afirman y la opinión pública acepta la diversidad de los humanos desde el nacimiento hasta la muerte. Cualquier familia comprueba que los hijos educados por los mismos padres, en el mismo hogar y asistiendo a las mismas escuelas poseen personalidades y conductas muy diferentes.

Los seres humanos a pesar de compartir la misma herencia y medio ambiente poseemos características únicas que nos hacen individuos diferenciados; manifestación de la riqueza social y que hace que nuestras vidas sean experiencias únicas.

Esta diferenciación originaria desde el nacimiento, se incrementa durante toda la vida por la experiencia diversa de cada persona. La variedad personal se acentúa con la entrada en la adultez y en la población activa. El trabajo y la familia serán los grandes diferenciadores de personas originariamente semejantes. El trabajo es el gran definidor de las personas debido a la ocupación del tiempo, a ser fuente básica de ingresos y a las relaciones profesionales y sociales que origina. A partir de la Revolución Industrial, el estatus social se deriva básicamente de la ocupación y el Estado debe mantener las condiciones necesarias para que cada ciudadano encuentre en el trabajo su realización personal.

La familia proporciona una fuente de identidad propia y de mayor libertad que otras instituciones. En la familia recibimos estímulos semejantes que forman nuestras actitudes basadas en valores similares a los de otros miembros, pero asimismo encontramos la libertad para adoptar estilos vitales que se nos niegan en otras instituciones. La familia proporciona un denominador común: estilo familiar, pero también tolera como ninguna otra institución la diversidad entre sus miembros. Esta característica se ha denominado elasticidad familiar, mantiene un fondo común pero tolera enormes variaciones entre sujetos.

Existen tantas jubilaciones como trabajadores; cada individuo constituye una experiencia única de trabajo, familia y factores poco explorados que en cada persona componen una ecuación a resolver. En el pasado, la jubilación no interesaba individual o socialmente, la esperanza de vida del jubilado era de tres a diez años Actualmente los jubilados viven en promedio más de veinte años, y resulta imprescindible planificar la política social y económica para la mayor calidad de vida posible.

3. LA JUBILACIÓN COMO OPORTUNIDAD

A pesar del envejecimiento, de la mayor fragilidad del organismo y de la probabilidad de enfermedad, la jubilación puede ser una oportunidad para la mejora de la salud, si se enfoca debidamente.

Ante todo ha desaparecido el trabajo que normalmente exige unas prestaciones físicas y psicosociales intensas, una dedicación mayoritaria del tiempo, de recursos económicos y fuente de estrés.

Los gastos asociados al trabajo como vestuario, transporte, se reducen notablemente pues el jubilado tiene la libertad de vestir como quiera. Desaparece el horario fijo, existe tiempo disponible y se reducen los gastos de transporte, vestido y otros relacionados con el trabajo. Aparece una nueva etapa que debe montarse con unas exigencias adecuadas a la nueva situación y a las necesidades de la persona.

Los ritmos vitales pueden y deben adaptarse al individuo, el sueño, la alimentación, la actividad física, se pueden y deben organizar según las demandas personales y no como en el pasado según las exigencias del trabajo. Esta es una oportunidad única en la historia de cada persona: ejercer la libertad de decisión con mayor autonomía que en cualquier otra etapa vital. Para ello debe existir la toma de conciencia del inicio de una nueva etapa vital y que, para tener éxito en ella, se requiere una planificación individual. Los consejos familiares o de amigos son de agradecer pero la jubilación debe ser un diseño personal, resultado de un análisis de la nueva situación comenzando por las expectativas y valores de la persona y los factores que van a influir en ella.

Jubilación: Vida sin trabajo o vacío del tiempo

Aparece la radical novedad de la etapa que comienza. La jubilación no puede seguir siendo una vida al final del trabajo, sin trabajo, pues entonces aparece el enorme vacío del tiempo ocupado antes por la obligación laboral.

Sin embargo, con frecuencia el jubilado realiza una transposición de sus ritmos del trabajo a los de jubilado. Este es el caso de los que llenan el tiempo que antes ocupaba el trabajo con la asistencia a los centros de jubilados y se sorprenden de que no ofrezcan horarios semejantes a los centros laborales y que las actividades no se programen como se hacía en el trabajo productivo. Estos jubilados no han tomado conciencia de que los ritmos de la jubilación son otros que los del trabajo remunerado. Los horarios son diferentes y no hay que quejarse de que el centro no abra a las 8 de la mañana pues a esta hora no habría muchos jubilados a los que servir. Los jubilados no son trabajadores con ritmos diversos, son ciudadanos respetables que han llegado a esta etapa por su esfuerzo y que deberían tener una vida con ocupación relevante del tiempo sin trabajo decidida libremente.

4. SALUD, DINERO Y AMOR

Esta trilogía define desde tiempos remotos la calidad de vida en la jubilación, repetida en infinidad de programas y recordatorios. Una forma breve de calificar una buena jubilación han sido las tres palabras: «Salud, dinero y amor», desarrolladas de formas diversas en los Programas de Preparación para la Jubilación (PPJ) individuales o colectivos. Resulta evidente que la calidad de vida del jubilado debe apoyarse en la ausencia de enfermedad, recursos materiales suficientes y relaciones sociales satisfactorias. Salud, dinero y amor componen una trilogía válida para identificar la calidad de vida a cualquier edad, pero su significado es diferente en cada etapa vital. A continuación, analizamos lo que significan para el jubilado.

Salud

Figura en primer lugar, el dinero y el amor ceden en importancia aunque no desaparezcan. En otras etapas vitales la salud parece menos importante; en la juventud y la madurez temprana la salud se da por supuesta, la enfermedad o limitación es excepcional y la potencia vital rebosa; cualquier ataque a la salud se resuelve sin apenas conciencia del sujeto que no aprecia el valor de su salud por su propia abundancia. Cuando se interroga a jóvenes sobre la importancia de los tres factores, la salud no figura como el primero. La salud se tiene en la juventud, se da por supuesta y debido a su abundancia no se valora y frecuentemente se derrocha, ya que se recupera rápidamente.

La juventud selecciona para la calidad de vida en primer lugar el dinero, pues no lo tiene y por tanto lo desea. Una vez más las etapas de la vida reflejan las contradicciones de la existencia humana. Se carece de lo que se desea, salud en la vejez, dinero en la juventud y se está dispuesto a cualquier actividad para conseguir lo deseado. El mito de Fausto, que en la vejez cambia su alma por la juventud es un tema recurrente, no solo en la literatura, sino en las distintas etapas vitales.

Dinero

En la primera mitad del siglo XX se afirmaba que el dinero podía comprar la salud, ya que la mayoría de la población no tenía acceso a una asistencia sanitaria de calidad y el estar enfermo y ser pobre era anuncio de incapacidad o muerte. La asistencia pública era mínima y solo existía la beneficencia de instituciones caritativas con niveles de calidad limitados. La mejor asistencia se conseguía a través de la medicina privada a la que tenía acceso solo la población con recursos.

A partir de la segunda postguerra mundial y del inicio del National Health Service con lord Bevery en Gran Bretaña, los sistemas de sanidad pública europeos ofrecen la cobertura universal de la población. La salud, ya no se compra solo por los ricos, sino que es accesible a la mayoría de la población. Ello supone uno de los derechos humanos más valorados, el derecho a la salud, establecido por las Naciones Unidas en 1948.

En España, el desarrollo de la asistencia sanitaria para todos los ciudadanos ha sido espectacular, desde el SOE, Seguro Obligatorio de Enfermedad para los trabajadores y sus familias, hasta la cobertura total de la población en atención primaria y hospitalaria. El modelo español ha sido elogiado favorablemente por diversos analistas. Una prueba de su calidad es la utilización creciente de la sanidad española por jubilados europeos extranjeros. En el siglo pasado era habitual que cuando los jubilados extranjeros residentes requerían una intervención quirúrgica regresaran a sus países de origen; actualmente muchos extranjeros vienen a España para someterse a intervenciones quirúrgicas, lo cual muestra claramente la favorable opinión de los forasteros sobre nuestra medicina.

Salud y jubilación

En la jubilación se comienzan a experimentar las primeras limitaciones en la salud: reducción de la inmunidad, disminución del equilibrio postural con posibilidad de caídas, enfermedades repetidas, recaídas y cronificación de las dolencias. Debido a estas experiencias, la salud pasa a primer lugar en las encuestas sobre calidad de vida de los jubilados. Se valora la salud precisamente por su fragilidad, por la experiencia de la enfermedad y por la dificultad de recuperarla cuando se pierde. Esta valoración de la salud no se traslada sin embargo a la acción para mantenerla o recuperarla, ya que se asume consciente o inconscientemente que el envejecimiento lleva necesariamente a la pérdida de la salud y la mayoría de los jubilados son personas mayores. Lo que es probable no es inevitable y para ello está la prevención que posibilita una jubilación con la mejor salud posible para el mayor número de jubilados.

5. PREVENCIÓN Y REHABILITACIÓN

Prevención

Una observación sobre diferencias culturales es adecuada sobre prevención. La mentalidad preventiva no es una actitud generalizada en el ideario y en la práctica de los pueblos mediterráneos, mientras que se halla más asentada en la mentalidad anglosajona. Diversas causas originan esta diferencia de mentalidad: religiosas, filosóficas, morales, desarrollo económico e industrial, clima, pragmatismo anglosajón frente a individualismo mediterráneo.

El resultado es que la prevención de cualquier tipo está menos asentada en nuestras latitudes, sea prevención de riesgos laborales o seguros para cobertura de riesgos materiales o de salud. Los porcentajes de cobertura de los activos son en el Mediterráneo menores que en los países anglosajones y centroeuropeos. La prevención se ha legislado obligatoriamente en el trabajo, en los vehículos y en algunas actividades, pero muchos ciudadanos mediterráneos la consideran un gasto inútil y/o requisito que interfiere con la libertad personal. Una muestra de ello es el ahorro económico para la jubilación, habitual en el mundo anglosajón y una realidad reciente en el Mediterráneo. El clima y los mayores gastos en calefacción y alimentación en climas fríos explican en parte las diferencias en ahorro para el futuro, pero en el Mediterráneo subyace la creencia de que es mejor gastar en el presente real que ahorrar para el futuro siempre indefinido.

Sin embargo, la enfermedad y sus limitaciones pueden prevenirse, como se ha demostrado claramente con las enfermedades cardiovasculares en las dos últimas décadas. Su incidencia se ha reducido en todas las sociedades desarrolladas gracias a las medidas preventivas, cambios en el estilo de vida, ejercicio, alimentación, exámenes periódicos. Las medidas preventivas para mantener o recuperar la salud también pueden aplicarse en la jubilación, pero con frecuencia se identifica jubilación con envejecimiento y pérdida de salud. Envejecer con salud es una idea reciente y se refuerza con el aumento cuantitativo de jubilados sanos, de la rehabilitación como especialidad médica, de la política gerontológica y con el desarrollo de la Gerontología Social como disciplina.

Rehabilitación

La rehabilitación supone una ampliación del ideal hipocrático de curar: la recuperación del organismo después de la enfermedad o el trauma a su máximo potencial orgánico. La rehabilitación había demostrado la eficacia de sus técnicas para recuperar a los accidentados de trabajo a otro trabajo o a la comunidad, con las menores limitaciones posibles. El accidente y la enfermedad originan discapacidades, pero pueden superarse reeducando las funciones, potenciando miembros, utilizando prótesis, aprovechando las capacidades residuales de la persona que es lo que significa re-habilitar o habilitar de nuevo.

El final de la Segunda Guerra Mundial produjo el retorno de miles de combatientes con limitaciones, amputaciones, pérdida de funciones a sus países cuyos gobiernos vencedores tenían una deuda moral con sus inválidos para la vida civil, pero actores de la victoria. Para potenciar su reinserción social aparecieron los grandes centros de cirugía ortopédica para recuperar las funciones orgánicas y su complemento, los centros de rehabilitación para su integración en la comunidad. Entre ellos que destacaron el Stock Mandeville de Gran Bretaña dirigido por el Dr. Guttman y el Institute of Rehabilitation Medicine de New York dirigido por el Dr. Rusk, así como diversos centros hospitalarios y de readaptación profesional en Francia, Alemania, Holanda y países combatientes.

La cirugía ortopédica sentó las bases de recuperación con sus operaciones de reconstrucción e implante de prótesis para la mejora orgánica; a continuación la rehabilitación potenciaría la funcionalidad de los afectados para integrarse al trabajo y a la comunidad. Se desarrollaron las profesiones de fisioterapia y terapia ocupacional que tanto han contribuido a la eficacia de la recuperación y a las actividades de la vida diaria. La mentalidad rehabilitadora se implantó en la sociedad y se trató de que la incorporación a la vida civil de los rehabilitados fuera lo más completa posible.

6. POLÍTICA GERONTOLÓGICA

El incremento de la población jubilada ha llevado a los gobiernos a valorar su importancia política, los jubilados votan más que cualquier otro colectivo, ya que experimentan diversas limitaciones en su calidad de vida, las plantean a los políticos para que las disminuyan y votan a los partidos que las aprueban. Las administraciones públicas incluyen desde los años noventa la política gerontológica como parte de la política social.

En España, el primer Plan Gerontológico del entonces INSERSO es de 1996. En la Administración autonómica el primer Plan es de la Generalitat de Cataluña. En la Administración local, diputaciones y ayuntamientos adoptan durante los años noventa programas y planes al respecto. En Europa se multiplican las iniciativas conjuntas de varios países que analizan y potencian sus conocimientos para encontrar respuestas a temas comunes como la institucionalización, la vida en el hogar con dependencia, la Gerotecnología para la mayor independencia personal, etc.

Gerontología Social

La demanda de los jubilados ha propiciado la aparición de profesionales y técnicas para la atención de las personas mayores y de una disciplina que enmarcara la realidad del envejecimiento científicamente y de las técnicas para su aplicación: la gerontología. El desarrollo de la materia y su enseñanza ha sido exponencial; hace treinta años no existían más que referencias al proceso de envejecimiento en medicina, demografía, psicología; actualmente numerosas materias de ciencia natural y social, ingenierías, arquitectura y humanidades ofrecen sus conocimientos para mejorar la vida de las poblaciones envejecidas. Asimismo han surgido multitud de títulos de grado, postgrado y doctorado en gerontología en la mayoría de las universidades de los países desarrollados y comienzan en Iberoamérica y Asia.

Las profesiones de ciencias naturales y sociales se han gerontologizado debido al envejecimiento de sus clientes, quienes demandan nuevas respuestas tanto para el organismo como para la vida social. Las asociaciones profesionales y las administraciones han reaccionado fomentando la formación y la especialización. Actualmente ya existen fundamentos teóricos y aplicados del envejecimiento general y en poblaciones especiales como los deficientes mentales, los sordos, los invidentes con problemática específica y ha surgido la formación especializada y los profesionales preparados para ofrecer respuestas concretas.

Dada la importancia del trabajo como factor de integración, se procuró desde los inicios la incorporación de las personas rehabilitadas a actividades productivas en empresas normales o protegidas. Sin embargo a pesar de los esfuerzos iniciales y de la legislación obligatoria siguen existiendo dificultades para la integración en el trabajo de las personas rehabilitadas o de poblaciones especiales. La legislación española prevé el 2 por ciento de puestos de trabajo para discapacitados formados aunque la norma apenas se cumpla.

Jubilación como oportunidad para la salud

La jubilación constituye una oportunidad única de cambiar hábitos perjudiciales, ligados o atribuidos al trabajo y sus demandas, por otros saludables según preferencias y necesidades. Durante la vida laboral la organización personal y familiar se supedita al trabajo; la jubilación constituye la primera etapa vital en que el individuo puede olvidarse del trabajo y sus demandas y concentrarse en sus necesidades.

A una situación nueva corresponden decisiones nuevas, pero lo que sucede con frecuencia es que se arrastran a la jubilación hábitos perjudiciales ligados al trabajo como alimentación inadecuada, tabaquismo, falta de ejercicio físico, y no se plantea la nueva situación como oportunidad única para un cambio hacia hábitos saludables.

En el trabajo se afirma que se fuma y se come mal, pues el tabaco relaja el estrés laboral y no hay tiempo para una dieta saludable, pero cuando desaparece el trabajo, muchos jubilados siguen fumando y comiendo mal. En realidad, los hábitos que se justificaban como ligados al trabajo se han convertido en hábitos vitales y no se concibe una vida nueva sin ellos. El organismo está habituado a ellos y para la persona supone una dificultad erradicarlos, ya que ha vivido con ellos muchos años, son parte de su experiencia y teme la aparición del síndrome de abstinencia.

La salud en la jubilación aparece, si se plantea como una etapa vital original para rediseñar según nuevos parámetros. Estar jubilado es diferente que ser trabajador, y las necesidades de cada situación son diversas. Lo más frecuente es que se entre en la etapa de la jubilación con los ajustes vitales inevitables, reducción de ingresos, ajuste del tiempo disponible, relaciones sociales, pero se olvide la salud y lo referente a alimentación, ejercicio físico, actividades sociales.

Lo que se propone no son ajustes según modelos establecidos durante los años de estudio y trabajo, sino un nuevo modelo de salud basado en las necesidades de la jubilación. Este planteamiento supone una reflexión en profundidad de las necesidades en esta etapa de la vida que apenas ha comenzado pero que ya ha encontrado sus términos positivos: envejecimiento cualitativo, envejecimiento activo, envejecimiento ventajoso, envejecimiento responsable, envejecimiento con éxito, solidario, etc. Dichos vocablos resumen la investigación y experiencia de numerosos profesionales en diferentes localidades que han demostrado lo que la mentalidad general ignora: puede existir un envejecimiento sin enfermedad o limitación, si se adopta un enfoque preventivo; es posible la salud en la jubilación aunque los riesgos de perderla sean mayores que en otras edades.

BIBLIOGRAFÍA

Argullo, E. *Trabajo individuo y sociedad*, Pirámide, Madrid, 2001.

Carrascal, J.M. *Jubilación para dummies*, Planeta, Barcelona, 2011.

Cruz Jentoft, A. *La vida empieza a los 50,* Temas de Hoy. Madrid 1994.

Fericgla, J.M. *Envejecer. Una antropología de la ancianidad*, Herder, Barcelona, 2002.

Girardi, Armelino. *Desaposentado melhor agora,* Editora clube dos desaposentados, Curitiba, 2011.

Grattton, L., *The shift. The future of work is already here,* Harper Collins, London, 2011.

Version española de Marisa Abdala, *Prepárate el futuro del trabajo ya está aquí,* Galaxia Gutenberg, Barcelona, 2012.

Imserso, *Libro Blanco del Envejecimiento Activo*, Imserso, Madrid, 2011.

Meda, Dominique. *El trabajo un valor en extinción,* Gedisa, Madrid, 1998.

Moragas, Ricardo. *Gerontología Social Herder*, Barcelona, 1995.

Edición en portugués *Gerontologia Social*, versión de Nara Costa, Paulinas, Sao Paulo, 1997.

Moragas, Ricardo. *El reto de la Dependencia al envejecer*, Herder, Barcelona, 1999.

Moragas, Ricardo. *La Jubilación una oportunidad vital*, Herder, Barcelona, 2001.

Edición en portugués *Aposentadoria* versión de Joice Peters, Paulinas, Sao Paulo, 2009.

Moragas, Ricardo. *Un modelo amerimediterráneo de envejecimiento para Iberoamérica*, Rol., Barcelona, 2003.

Moragas, Ricardo y Cristofol, Ramón. *El coste de la dependencia al envejecer,* Herder, Barcelona, 2003.

Moragas, Ricardo. *Prevención de la Dependencia-Preparación para la Jubilación,* Caja Cataluña, Barcelona, 2007.

Neugarten, B. *The meanings of age* U Chicago, 1996.

Versión española de Halberstadt, Christine, *Los significados de la edad*, Herder, Barcelona, 1999

Richmond, L. *Aging as a spiritual practice,* Penguin, 2012.

Versión española de Torent, Marta. *El tercer acto de tu vida,* Urano, Barcelona, 2012.

Sanchez-Ostiz, Rafael. *Longevidad con éxito: los nonagenarios de Pamplona,* Herder, Barcelona, 2007.

Valenzuela, Curri. *Yo no me quiero jubilar ni del trabajo ni de la vida*, Random House, Barcelona, 2012.

Vega, J.L. y Bueno, B. Pensando en el futuro. *Curso de preparación para la jubilación,* Síntesis, Madrid, 1996.

ENLACES WEB

Información

- www.aarp.org
- www.infoelder.com
- www.inforesidencias.com
- www.imsersomayores. csic.es
- www.foroqpea.es
- www.ceoma.org.es
- www.segg.es

Asociaciones profesionales

www.agg.org.ar.
www.sbggnacional.org.br(geriatría)
www.socgeriatria.cl (geriatría)
www.sugg.com.uy (geriatría)
www.acgg.org.co (geriatría)
www.iaggg.com

www.ingramcontent.com/pod-product-compliance
Lightning Source LLC
Chambersburg PA
CBHW032019170526
45157CB00002B/769